普通高等教育人工智能与机器人工程专业系列教材

移动机器人技术开发与应用

主　编　饶　蕾　范光宇
副主编　陈年生　程松林
参　编　宋晓勇　杨定裕

机械工业出版社

随着人形机器人、无人飞行器、无人驾驶汽车等移动机器人相关产品在各行业的广泛应用，包括定位建图、感知、结构设计、规划和控制等技术受到了人们重点关注。本书通过讲解移动机器人的知识要点，能够让读者迅速熟悉移动机器人的整体框架和设计原理。在此基础上，本书以实践为重心，讲解大量同步定位和建图技术、导航、三维重建、机器视觉、自然语言处理等方面的基础理论、工作原理及动手练实例，帮助读者在理解移动机器人基础功能的同时掌握移动机器人开发技术，能将所学内容应用于实践。

本书既可作为机器人工程、计算机科学与技术、电子信息工程等专业高年级学生的教材，又可作为指导学生参加机器人学科竞赛的培训教材，还可作为移动机器人开发者的入门教材。

图书在版编目（CIP）数据

移动机器人技术开发与应用 / 饶蕾，范光宇主编 . --北京：机械工业出版社，2025.7. --（普通高等教育人工智能与机器人工程专业系列教材）. -- ISBN 978-7-111-78756-3

Ⅰ . TP242

中国国家版本馆 CIP 数据核字第 2025MH0567 号

机械工业出版社（北京市百万庄大街 22 号　邮政编码 100037）

策划编辑：王玉鑫　　　　　　责任编辑：王玉鑫　张振霞

责任校对：龚思文　李小宝　　封面设计：王　旭

责任印制：单爱军

天津嘉恒印务有限公司印刷

2025 年 9 月第 1 版第 1 次印刷

184mm×260mm・10.5 印张・252 千字

标准书号：ISBN 978-7-111-78756-3

定价：39.00 元

电话服务　　　　　　　　　网络服务

客服电话：010-88361066　　机　工　官　网：www.cmpbook.com

　　　　　010-88379833　　机　工　官　博：weibo.com/cmp1952

　　　　　010-68326294　　金　书　网：www.golden-book.com

封底无防伪标均为盗版　　机工教育服务网：www.cmpedu.com

前　言

移动机器人是一种能够半自主或全自主工作的智能机器，具有感知、决策、执行等基本特征，可以辅助甚至替代人类完成危险、繁重、复杂的工作，提高工作效率和质量，服务人类生活，在工业、医学、农业、服务业、建筑业甚至军事等领域均有重要用途。移动机器人学涉及结构设计、控制、感知、规划和决策等多个学科，涵盖机械、计算机、自动化、电子信息等专业领域。

编者所在机器人与智能技术研究团队自 2009 年以来一直从事移动机器人的科研、教学和竞赛指导工作。由于移动机器人涉及多学科交叉融合，进入实验室的学生面对海量的知识和内容，往往不知从何处入手。相关的机器人教程往往从单一的学科领域出发，或从基础理论着手，较难让学生快速上手，了解移动机器人开发的整体流程。此外，人工智能、深度学习、机器视觉、自然语言处理、大模型等前沿技术正在极大地改变包括移动机器人领域在内的相关学科知识体系和应用场景，迫切需要加强学生对人工智能技术的理解和应用能力，提升学生的创新思维及综合素质。

本书首先介绍移动机器人的背景、技术和应用领域，其次介绍移动机器人硬件组成、基础知识和传感器工作的原理及应用，再次介绍同步定位和建图技术、导航技术和三维重建技术，最后介绍人工智能、深度学习、自然语言处理等前沿技术。此外，本书还将本团队指导学生参加各类机器人学科竞赛的赛题进行整合凝练，形成移动机器人综合应用案例。通过讲解移动机器人相关知识要点，学生能够迅速熟悉移动机器人的整体框架和设计原理。在此基础上，以实践为重心，讲解大量同步定位和建图技术、导航、三维重建、机器视觉、自然语言处理等方面的基础理论、工作原理及动手练实例，帮助学生在理解移动机器人基础功能的同时掌握移动机器人开发技术，能将书中的内容应用于实践。

本书可用于指导学生开发移动机器人各项功能，实现定位、建图、导航和人机交互，完成基于人工智能的开发应用，对培养学生具备智能平台开发与应用、信号智能检测与处理、电子产品综合设计与开发能力起到较好的支撑作用。本书既可作为机器人工程、计算机科学与技术、电子信息工程等相关专业高年级学生的实验实践教材，还可作为指导学生参加机器人学科竞赛的培训类教材。

相比于国内同类教材，本书尝试在如下几个方面取得突破：

（1）内容可适性　市面上的移动机器人书籍主要面向的对象是移动机器人初学者、有一定经验的机器人开发人员和资深机器人开发者，其内容以自学为主，对于在大学阶段自学能力欠佳的学生来说有一定的难度，在学习过程中很容易因为缺乏自我激励半途而废。因此，本书对移动机器人的相关知识进行整合重组，以学生能力培养为主线，形成易于大学高年级学生主动接受和学习的内容。

（2）课程衔接性　移动机器人的核心技术及应用涉及工业设计、电气电子、机械工程和计算机等多个专业的学科知识，本书将移动机器人的相关知识与专业核心课程的教学内容建立联系，提炼出适合专业核心课程的课程实验教学内容，更好地支撑课程教学及课程目标达成。

（3）教材适用范围　为了使本书内容的适用范围更加广泛，同时兼顾基础性课程和高阶性课程，本书首先从移动机器人的应用场景开始介绍，其次介绍移动机器人硬件模块和软件开发环境，再次介绍移动机器人硬件、软件和应用等模块，最后介绍多个动手练实例。本书适用于机器人工程等专业的相关课程。

书中所有源代码可在 https://gitee.com/RAO_Lei/Robotbook 下载，或发电子邮件（raol@sdju.edu.cn）索取。

本书主要由饶蕾、范光宇、陈年生、宋晓勇、程松林、杨定裕等人完成。实验室章弘凯、闵奇、曹嵩、仲袁凯、常耀辉、黄加欣、徐安冉、刘子俊、魏新雨、侯明泽、汪泽和杨倩倩等同学也参与了本书编写的相关工作。

由于编者水平有限，书中难免有不妥之处，敬请广大读者批评指正。

编　者

目　　录

前言
第1章　移动机器人概述 ... 1
1.1　移动机器人背景、技术及应用领域 ... 1
1.2　移动机器人发展历史 ... 3
1.3　移动机器人学研究方法 ... 4
第2章　移动机器人内部结构 ... 9
2.1　移动机器人硬件 ... 9
2.2　移动机器人软件 ... 9
2.3　移动机器人的移动机构 ... 10
2.4　图像传感器及其应用 ... 12
2.5　惯性传感器及其应用 ... 15
2.6　距离传感器及其应用 ... 17
第3章　移动机器人基础知识 ... 21
3.1　数学模型与表示 ... 21
3.2　机器人轨迹可视化 ... 26
3.3　SLAM基本原理 ... 27
3.4　自己动手练之基础环境搭建 ... 28
第4章　激光雷达SLAM ... 45
4.1　激光雷达SLAM概述 ... 45
4.2　前端 ... 46
4.3　回环检测 ... 49
4.4　地图构建 ... 50
4.5　SLAM数据集 ... 52
4.6　位姿误差分析 ... 53
4.7　自己动手练之Gmapping建图 ... 54
第5章　视觉SLAM ... 59
5.1　视觉SLAM概述 ... 59

5.2 图像信息采集 ·· 59
5.3 视觉里程计 ·· 60
5.4 自己动手练之 ORB-SLAM 视觉里程计 ·· 66

第 6 章　移动机器人导航 ·· 71
6.1 移动机器人导航相关技术 ··· 71
6.2 路径规划算法 ··· 74
6.3 自己动手练之 A-star 路径规划 ·· 81

第 7 章　三维重建 ·· 86
7.1 点云数据采集与预处理 ·· 87
7.2 点云配准 ··· 90
7.3 曲面重建 ··· 96

第 8 章　深度学习 ··· 102
8.1 深度学习概述 ··· 102
8.2 神经网络 ··· 103
8.3 人脸识别 ··· 107
8.4 自己动手练之人脸识别 ·· 108
8.5 物品识别 ··· 113
8.6 语义分割 ··· 114
8.7 自己动手练之语义分割 ·· 114

第 9 章　自然语言处理 ··· 117
9.1 自然语言处理概述 ·· 117
9.2 语言模型 ··· 124
9.3 文本情感分析 ··· 127
9.4 文本表示 ··· 130
9.5 方面级情感语料库 ·· 131
9.6 方面级情感分析评价标准 ··· 132
9.7 自己动手练之 ASTE ·· 132

第 10 章　综合应用实例 ··· 136
10.1 多人辨识项目 ··· 136
10.2 GPSR 项目 ·· 143
10.3 超市购物 ··· 150

参考文献 ·· 162

第 1 章

移动机器人概述

移动机器人（Mobile Robotics）是集环境感知、动态决策与规划、行为控制与执行等多功能于一体的综合系统。移动机器人集中了传感器技术、信息处理、电子工程、计算机工程、自动化控制工程以及人工智能（Artificial Intelligence，AI）等多学科的研究成果，是目前科学技术发展极为活跃的领域之一。随着机器人性能的不断完善，移动机器人的应用范围大为扩展，不仅在工业、农业、医疗、服务等行业中得到广泛的应用，而且在城市安全、国防和空间探测领域等有害与危险场合得到很好的应用。移动机器人技术已经得到世界各国的普遍关注。

移动机器人学是一门涉及机器人设计、控制、感知、规划和决策等多个领域的学科，还涉及机器人在不同环境中的移动和操作，以及与人类交互的能力。移动机器人学通常涉及机器人的硬件设计和制造，包括传感器、执行器和控制系统的设计和集成。同时，它也涉及机器人的软件开发，包括路径规划、运动控制、感知和决策等方面。

1.1 移动机器人背景、技术及应用领域

1.1.1 移动机器人背景

移动机器人的发展已有几十年历史，"移动"是机器人的重要标志。世界上第一台移动机器人 Shakey 是由查理·罗森（Charlie Rosen）带领美国斯坦福研究所于 1956～1972 年研制出来的。Shakey 首次全面应用了人工智能技术，能够自主进行感知、环境建模、行为规划并执行任务（如寻找木箱并将其推往指定位置）。Shakey 装备了电子摄像机、三角测距仪、碰撞传感器以及驱动电动机，并通过无线通信系统由两台计算机进行控制。当时的计算机运算速度非常缓慢，导致 Shakey 往往需要数小时的时间来感知和分析环境，并规划行动路径。虽然今天看起来 Shakey 简单而又笨拙，但 Shakey 实现过程中获得的成果影响了很多后续的研究。

日本将机器人作为战略产业，给予了大力支持，提出了加强机器人研究和推动机器人产业化的具体措施。1973 年，日本早稻田大学的加藤一郎教授研发出第一台以双脚走路的机器人 WABOT。日本在 20 世纪 80～90 年代被称为世界工厂，其中机器人技术功不可没。日本在汽车、电子行业大量使用机器人进行生产，使得日本汽车及电子产品产量猛增，质量日益提高，而制造成本则大为降低。在日本由于人口老龄化趋势严重，需要机器人来承担劳力工作，因此培养了浓厚的机器人文化。

近年来，我国在移动机器人领域取得了飞速发展。《"十四五"机器人产业发展规划》（简称《规划》）指出，"十三五"以来，通过持续创新、深化应用，我国机器人产业呈现良好发展势头。产业规模快速增长，年均复合增长率约15%，2020年机器人产业营业收入突破1000亿元，工业机器人产量达21.2万台（套）。技术水平持续提升，运动控制、高性能伺服驱动、高精密减速器等关键技术和部件加快突破，整机功能和性能显著增强。集成应用大幅拓展，2020年，制造业机器人密度达到246台/万人，是全球平均水平的近2倍，服务机器人、特种机器人在仓储物流、教育娱乐、清洁服务、安防巡检、医疗康复等领域实现规模应用。

《规划》里提出到2025年，我国成为全球机器人技术创新策源地、高端制造集聚地和集成应用新高地。同时，《规划》里提出了2025年的具体目标：一批机器人核心技术和高端产品取得突破，整机综合指标达到国际先进水平，关键零部件性能和可靠性达到国际同类产品水平；机器人产业营业收入年均增速超过20%；形成一批具有国际竞争力的领军企业及一大批创新能力强、成长性好的专精特新"小巨人"企业，建成3~5个有国际影响力的产业集群；制造业机器人密度实现翻番。到2035年，我国机器人产业综合实力达到国际领先水平，机器人成为经济发展、人民生活、社会治理的重要组成。

1.1.2　移动机器人技术及应用领域

移动机器人技术是一门涉及多个学科领域的交叉学科，包括机械工程、电子工程、计算机科学、控制理论等。移动机器人技术的发展涉及传感器、执行器、控制系统、导航算法等多个方面。传感技术是移动机器人获取外部环境信息的基础。常用的传感器包括激光雷达、摄像头、红外线传感器、超声波传感器等，用于获取机器人周围的物体、障碍物、地形等信息。运动控制技术用来控制机器人的运动，包括轮式机器人的速度控制、步态机器人的步态规划、腿式机器人的姿态控制等。感知与定位技术用来使机器人对自身位置和周围环境进行感知和定位，包括同步定位建图（Simultaneous Localization and Mapping，SLAM）算法、GPS（Global Positioning System，全球定位系统）定位、惯性导航等技术。自主导航技术是指机器人在未知环境中进行路径规划和避障，包括基于地图的路径规划、避障算法、自主探索等技术。人机交互技术是指机器人与人类进行交互的技术，包括语音识别、图像识别、自然语言处理（Natural Language Processing，NLP）等技术，使机器人能够理解人类的指令和意图。机器学习（Machine Learning，ML）和人工智能技术在移动机器人中的应用越来越广泛，包括强化学习、深度学习（Deep Learning，DL）等技术，用于提高机器人的智能化水平和自主决策能力。

移动机器人的应用领域非常广泛，涵盖了从工业生产到日常生活服务的多个方面。

1）制造业：移动机器人可以用于自动化生产线上的物料搬运、装配、检测等环节。移动机器人可以在不同的工作站之间移动，快速准确地完成各项任务，提高生产效率和产品质量。

2）物流业：移动机器人可用于仓库管理和配送中心，实现货物的自动化存储、拣选、搬运和装卸。使用移动机器人，可以大幅提高物流效率，降低人工成本和错误率。

3）医疗保健：移动机器人可以用于药品、器械和标本的自动化运输，以及患者的安全转移。移动机器人可以提高医疗服务的效率,减少人工搬运的风险和误差。

4) 餐饮业:移动机器人可以实现自动化送餐服务。通过预定的指令,移动机器人可以准确地将菜品送到指定的餐桌,为顾客提供便捷高效的服务。

5) 农业:移动机器人可用于自动化种植、施肥、喷药等环节,提高农业生产效率,减少人工劳动强度和成本。

6) 公共安全:移动机器人也可以用于公共安全领域,如机场、车站、博物馆等场所的巡逻和监控。通过实时传输视频和数据,移动机器人可以帮助安保人员及时发现异常情况,提高安全防范能力。

总之,移动机器人的应用场景非常广泛,它们为各行各业带来了巨大的便利和效益。随着人工智能技术的不断进步和应用需求的增加,移动机器人的应用前景将更加广阔。

1.2 移动机器人发展历史

人类很早就开始梦想创造出具有一定功能甚至智慧的机器人,代替人类完成各种工作。我国三国时期蜀汉丞相诸葛亮发明了类似机器人的运输工具"木牛流马"。史载建兴九年至十二年(231—234年)诸葛亮在北伐时所使用的"木牛流马",其载重量为"一岁粮",大约400斤以上,每日行程为"特行者数十里,群行三十里",为蜀汉十万大军提供粮食。不过,当时的方式、样貌现在亦不明,对其亦有不同的解释。在汉朝就有了"记里鼓车"的记载。记里鼓车类似于当今社会汽车中的里程表,具有计算车辆里程的功能,分为上下两层,每层都有木制机械人手持木槌,下层木人行一里击鼓,上层木人行十里击镯。

然而,真正的机器人是在20世纪以后有了数学、物理、机械、电子信息、计算机,尤其是在人工智能等理论和技术发展的基础上而产生的。由此就诞生了移动机器人学,它是一门涉及机器人设计、控制、感知和规划的跨学科领域。随着计算机科学和工程学科的发展,移动机器人学和移动机器人技术得到了快速的发展。

20世纪90年代,日本本田公司正式推出了E系列机器人,从E0到E6,虽然外形都是只有"大长腿",但是它们的性能发生了翻天覆地的变化,如走路速度由慢变快,从走直线到能够在台阶或坡地上稳定行走。这些改变为下一步的P系列类人机器人的研发奠定了基础。1993年推出的P系列机器人不再仅仅拥有"大长腿",而是拥有了手臂和脑袋,并渐渐朝着人形的方向发展。2000年,本田公司开始研制双足机器人ASIMO系列,它可以实现"8"字形行走、下台阶、弯腰、握手、挥手以及跳舞等各项"复杂"动作。另外,双足机器人ASIMO系列具备基本的记忆与辨识能力,可以依据人类的声音、手势等指令做出反应。

2008年,美国波士顿动力学工程公司研发出"大狗"(Big dog)机器人。这种机器狗的体型与大型犬相当,能够在战场上发挥非常重要的作用:在交通不便的地区为士兵运送弹药、食物和其他物品。"大狗"机器人不但能够行走和奔跑,而且可跨越一定高度的障碍物。"大狗"机器人的行进速度可达到7km/h,能够攀越35°的斜坡,可携带质量超过150kg的武器或其他物资。"大狗"机器人既可以自行沿着预先设定的简单路线行进,也可以进行远程控制。

2021年8月特斯拉公司首次展示了其人形机器人的概念——一个穿着服装的机器人。从2023年2月开始，该公司启动了首个人形机器人项目，即大黄蜂（Bumblebee）；时隔7个月，即2022年9月，在AI Day上正式亮相。2023年12月，擎天柱第二代亮相。

我国移动机器人在几十年的发展中也取得了重要进展。2019年，在南海进行首次海试的"潜龙三号"是中国科学院沈阳自动化研究所研发的4500m级自主潜水器，实现了我国自主无人潜水器首次大西洋科考应用，是我国较先进的自主深海潜水器。

2017年，百度公司正式发布了Apollo计划，该计划向汽车行业及自动驾驶领域的合作伙伴提供一个开放、完整、安全的软件平台，帮助它们结合车辆和硬件系统，快速搭建一套属于自己的、完整的自动驾驶系统。百度Apollo是一个开放的数据及软件平台，将汽车、IT和电子产业连接在一起，整合了自动驾驶所需的各个方面。该套件涵盖硬件研发、软件和云端数据服务等几大部分。2024年，百度旗下"萝卜快跑"自动驾驶汽车开始在北京、武汉、重庆、深圳、上海等城市开展无人自动驾驶出行服务与测试。

2023年8月，DJI大疆正式发布首款运载无人机。该无人机集大载重、长航程、强信号、高智能于一身，适用于山地、岸基、乡村运输场景及各类应急场景下的物资运输。近年来，大疆工业级无人机产品在农业、能源、测绘、安防等诸多领域得到广泛应用。基于实际运输场景和功能点需求推出的大疆首款运载无人机，将综合性能及安全性提升至新的高度，满足从普通中小用户到大型用户的运输需求。2024年6月，大疆FC30珠峰实测，6000m稳载15kg，创造了民用无人机最高运输纪录。

2024世界人工智能大会在上海召开，复旦大学、傅里叶、宇树科技、开普勒、清宝机器人、乐聚、松延动力、钛虎等企业和单位的人形机器人在会展上进行了展示。宇树科技发布了全球首款原地后空翻功能的通用人形机器人H1，这款机器人目前是全球首款拥有原地后空翻能力的全尺寸电驱人形机器人。

工业和信息化部等多部门印发《人形机器人创新发展指导意见》。其中提出，到2025年，人形机器人创新体系初步建立，"大脑、小脑、肢体"等一批关键技术取得突破，确保核心部组件安全有效供给。整机产品达到国际先进水平，并实现批量生产，在特种、制造、民生服务等场景得到示范应用，探索形成有效的治理机制和手段。培育2~3家有全球影响力的生态型企业和一批专精特新中小企业，打造2~3个产业发展集聚区，孕育开拓一批新业务、新模式、新业态。当前，移动机器人已经成为非常活跃的研究领域，涉及机器人感知、决策、规划、控制等多个方面。随着人工智能和机器学习技术的不断发展，移动机器人的应用范围也在不断扩大，未来移动机器人将在更多的领域发挥重要作用。

1.3　移动机器人学研究方法

移动机器人学的研究方法涉及多个方面，包括机器人感知、决策、规划、控制等。常见的移动机器人学研究方法有传感器技术、计算机视觉、路径规划、运动控制、人工智能和多智能体系统（Multi-Agent System）等方面。

1.3.1 传感器技术

使用各种传感器可以获取机器人周围环境的信息，如激光雷达、摄像头相机、超声波传感器等。

图 1-1 所示为激光雷达传感器，它是一种利用激光束来测量目标距离、速度和方向的雷达系统。激光雷达传感器通过发射激光束并测量激光束与目标之间的反射时间来确定目标的距离，同时也可以通过测量激光束的多普勒频移来确定目标的速度和方向。激光雷达通常被用于自动驾驶汽车、无人机、航天器和军事应用等领域。激光雷达传感器具有高精度、快速测量、长测距范围和抗干扰能力强等特点。

a) 机械激光雷达传感器　　b) 面阵激光雷达传感器

图 1-1　激光雷达传感器

单目（Monocular）相机是指只有一个摄像头的相机，它只能获取单一视角的图像信息，如图 1-2a 所示。单目相机通常用于普通摄影、监控系统等领域。双目（Stereo）相机是指具有两个摄像头的相机，它可以同时获取两个不同角度的图像信息，如图 1-2b 所示。通过计算这两个图像之间的视差，可以获得目标物体的深度信息。双目相机常用于计算机视觉、三维重建等领域。RGB-D 相机除了具有双目相机的功能以外，还具有能够直接获取目标物体距离信息的深度的相机，它可以获取图像中每个像素点到相机的距离值，如图 1-2c 所示。RGB-D 相机通常使用红外或者激光技术来测量物体与相机之间的距离，常用于虚拟现实、增强现实、手势识别等领域。

a) 单目相机　　　　b) 双目相机　　　　c) RGB-D相机

图 1-2　摄像头相机

图 1-3 所示为超声波传感器，它是一种利用超声波来测量距离的传感器。超声波传感器通过发射超声波脉冲并测量超声波从传感器到目标物体再返回的时间来计算目标物体与传感器的距离。超声波传感器通常包括一个发射器和一个接收器，发射器发射超声波脉冲；接收器接收反射回来的超声波，并计算距离。超声波传感器常用于测距、避障、位置检测等领域，

图 1-3　超声波传感器

如在自动驾驶汽车、无人机、工业自动化等领域中应用广泛。超声波传感器具有测距精度高、反应速度快、不受光照影响等优点，但在特定环境下可能受到温度、湿度等因素的影响。

1.3.2 计算机视觉

计算机视觉是一种利用计算机和相应的算法模拟人类视觉功能的技术，涉及从图像或视频中提取信息、分析和理解视觉内容的过程。计算机视觉的基本步骤包括图像获取、预处理、特征提取、特征匹配和分类识别。在图像获取阶段，计算机会获取图像或视频数据，并对图像进行预处理，如去噪、增强对比度等；接下来是特征提取，这一步骤涉及从图像中提取出有用的特征，如边缘、纹理、颜色等；然后进行特征匹配，将提取的特征与已知的模式进行匹配；最后进行分类识别，将图像归类为特定的对象或场景。

计算机视觉依赖于图像处理、模式识别、机器学习和深度学习等技术。随着人工智能和计算机视觉技术的不断发展，计算机视觉在各种领域都有着广泛的应用前景，包括图像识别、目标检测与跟踪、人脸识别、医学影像分析、无人驾驶汽车、工业质检和地图构建等。

1.3.3 路径规划

路径规划是移动机器人的重要研究内容之一。连接起点位置和终点位置的序列点或曲线称为路径，构成路径的策略称为路径规划。路径规划在很多领域具有广泛的应用，在高新科技领域的应用有机器人的自主无碰行动，无人机的避障突防飞行，巡航导弹躲避雷达搜索、防反弹袭击完成突防爆破任务等；在日常生活领域的应用有 GPS 导航、基于地理信息系统（Geographic Information System，GIS）的道路规划、城市道路网规划导航等；在决策管理领域的应用有物流管理中的车辆问题及类似的资源管理、资源配置问题；通信技术领域的路由问题等。移动机器人在复杂环境中的路径规划算法包括基于图搜索、人工势场法、遗传算法和蚁群算法等。

1.3.4 运动控制

根据移动机器人的任务需要，需要对其运动结构进行设计，如履带结构、三轮底盘结构、双足结构和机械臂结构等，其构型会影响其性能和适用场景。例如，双履带式机器人底盘具有良好的越障性能，适用于室外复杂环境；全向移动机器人通过特定的车轮设计，可以实现前后左右 4 个方向的全向移动，具有更好的灵活性；四轮驱动四轮转向机器人则具有机构简单、行动灵活的特点，适用于室外非结构化场景。选择合适的构型需要考虑机器人的稳定性、承载性、机动性、操纵性、越障性、通过性、耐久性等多个维度。

此外，机器人运动控制系统也是机器人能够顺利执行任务的关键。运动控制就是对机械运动部件的位置、速度等进行实时的控制管理，使其按照预期的运动轨迹和规定的运动参数进行运动。运动控制器是以中央逻辑控制单元为核心、以传感器为信号敏感元件、以电动机或动力装置和执行单元为控制对象的一种控制装置。其功能在于提供整个伺服系统的闭路控制，如位置控制、速度控制和转矩控制等。机器人运动控制系统是以电动机为控制对象，以控制器为核心，以电力电子、功率变换装置为执行机构，在控制理论指导下组成的电气传动控制系统，以控制机器人的各类运动和动作。图 1-4a 所示为射击机器人云台，可通过云台控制器（图 1-4b）控制其沿俯仰、上下和左右移动。

a) 射击机器人云台

b) 云台控制器

图 1-4　射击机器人

1.3.5　人工智能

人工智能可使计算机系统执行智能任务，如理解语言、感知环境、学习、推理、规划和自主行动。人工智能的应用领域非常广泛，包括但不限于自动驾驶汽车、智能语音助手、医疗诊断、金融风险管理、工业自动化、机器人技术等。人工智能的发展受益于大数据、深度学习、强化学习等技术的进步，使得计算机系统能够处理和理解复杂的信息，并做出智能决策。人工智能的发展对社会和经济具有深远的影响，也带来了许多伦理、社会和法律等方面的挑战。

利用人工智能技术，可以让机器人通过学习和经验改进自身的感知、决策和控制能力，包括但不限于以下几个方面。

1）自主导航：人工智能可以帮助机器人识别环境中的障碍物、规划路径和进行自主导航，使机器人能够在复杂的环境中移动和执行任务。

2）机器人视觉：人工智能可以用于机器人的视觉系统，帮助机器人识别物体、人脸、文字等，并进行实时的图像处理和分析。

3）自然语言处理：人工智能技术可以让机器人理解和回应人类的语言，使其能够与人类进行自然的交流和对话。

4）任务执行和学习：机器人可以通过人工智能技术学习执行各种任务，如抓取物体、操作工具等，甚至通过强化学习技术来不断改进自己的行为。

5）情感识别与交互：人工智能可以帮助机器人识别人类的情感表达，使机器人能更好地与人类交互和理解情感。

这些应用使得机器人更加智能化、灵活，可适应不同环境下的任务需求，为人类生活和工作带来了许多便利和创新。

1.3.6　多智能体系统

多智能体系统是指由多个智能体（具有自主决策能力和行为能力的实体）组成的系统。这些智能体可以是机器人、无人机、传感器、软件程序等，它们可以相互通信、协作和协调行动，以达到系统整体的目标。多智能体编队如图 1-5 所示。

图 1-5 多智能体编队

多智能体系统在许多领域都有应用,如无人车队、智能家居、工业自动化、物流管理等。在这些应用中,多个智能体需要协同工作,共同完成复杂的任务。为了实现有效的协作,多智能体系统需要具备一定的智能和自适应能力,能够根据环境变化和其他智能体的行为做出合适的决策和行动。目前多智能体系统已在飞行器编队、传感器网络、数据融合、多机械臂协同装备、并行计算、多机器人合作控制、交通车辆控制、网络资源分配等领域广泛应用。

多智能体协调控制的基本问题包括一致性控制、会合控制、聚结控制和编队控制等。其中,后三者可视为一致性控制的推广与特例,多智能体系统达到一致是实现协调控制的首要条件。多智能体系统的设计和管理是一个复杂的问题,涉及协作算法、通信协议、冲突解决机制等多个方面。研究人员和工程师正在不断探索如何更好地设计和实现多智能体系统,以应对日益复杂的现实世界问题。

第 2 章

移动机器人内部结构

移动机器人是由传感器、遥控操作器和自动控制器等机构组成的具有移动功能的机器人系统。移动机器人可以分为地面、空中、水面和水下等类型,移动机构有轮式、履带式、足式、混合式、特殊式等类型,其可以通过各类传感器感知速度、位姿、距离等物理信息。本章主要介绍通用移动机器人的移动结构、各类传感器类型、工作原理及应用等内容。

2.1 移动机器人硬件

从硬件角度来看,移动机器人主要由四大部分构成:传感系统、执行机构、驱动系统和控制系统。

1)传感系统相当于人体的感官和神经,负责完成内部与外部的信息采集,并将这些信息反馈给大脑进行处理。传感系统包括各种传感器,如视觉传感器、距离传感器、加速度计等,用于感知外部环境的变化和机器人的状态。

2)执行机构类似于人体的手和脚,负责完成具体的动作执行。执行机构包括机械臂、轮子、履带等,根据机器人的不同应用场景,执行机构会有所不同。

3)驱动系统类似于人体的肌肉和骨骼,为机器人的动作提供动力。驱动系统包括电动机、传动装置等,负责将电能或其他形式的能量转换为机械能,驱动执行机构进行动作。

4)控制系统即大脑,负责处理各种任务和信息,下发控制命令。控制系统包括计算机硬件、软件以及人机交互界面等,是机器人的"大脑",负责协调各个组成部分的工作,实现机器人的自主或半自主操作。

2.2 移动机器人软件

图 2-1 所示为移动机器人的软件结构。从软件角度来看,移动机器人一般由硬件层、驱动层和操作系统层 3 部分组成。其中,在硬件层由外部设备控制器控制激光雷达等各类外部设备传感器完成对周围环境的感知,由底盘控制器控制电动机、里程计和 IMU(Inertial Measurement Unit,惯性测量单元)等完成对移动机器人运动的控制;驱动层有电动机驱动、外部设备驱动、传感器驱动等各类硬件设备的驱动程序;在操作系统层则通过 ROS(Robot Operating System,机器人操作系统)模块完成移动机器人的定位、建图、

导航、环境感知和运动控制等各类复杂工作。

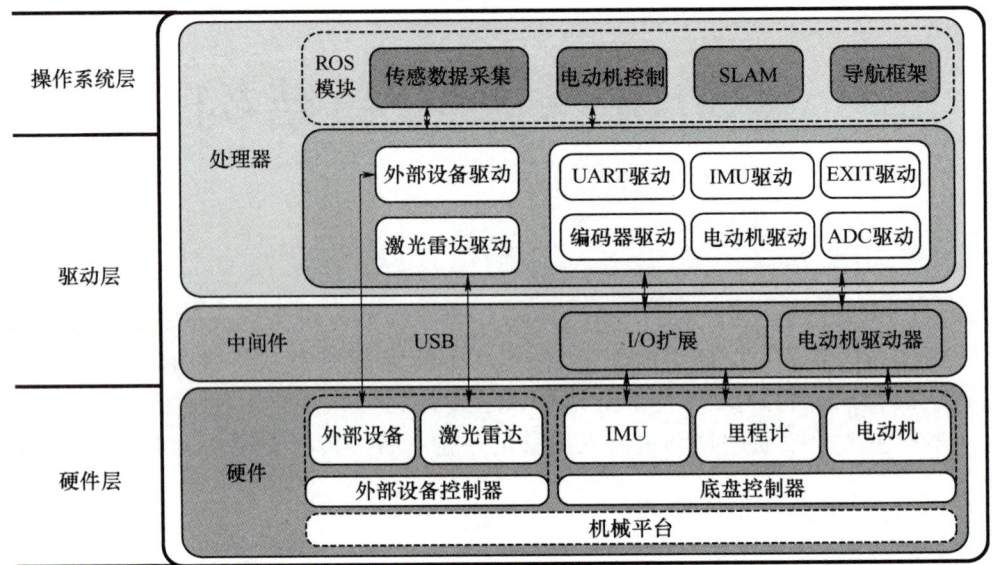

图 2-1 移动机器人的软件结构

2.3 移动机器人的移动机构

移动机构是移动机器人的移动装置。由于在移动机器人发明以前，人类已发明了移动装置，如车辆、船舶、飞机等，因此在移动机器人中也借鉴了相关的成熟技术如车轮、螺旋桨、推进器等。实用的移动机器人大都采用车轮，它的弱点是只限于平坦的地面环境。为了实现人和动物所具备的对地形及环境的高度适应性，人们正在积极地开展对多种移动机理的研究。现就目前已研制出的部分陆地移动机构进行分类介绍。

1. **车轮式移动机构**

车轮式移动机构在地表面等移动环境中控制车轮的滚动运动，使移动体本体相对于移动面产生相对运动。该机构的特点是在平坦的环境下移动效率较履带式移动机构和腿式移动机构要高，结构简单，可控性好。车轮式移动机构由车体、车轮、处于车轮和车体之间的支撑机构组成。车轮根据其有无驱动力可分为主动轮和从动轮两大类；根据单个车轮的自由度，可分为圆板形的一般车轮、球形车轮、合成全方位车轮几类。移动机器人的四轮结构如图 2-2 所示。

2. **履带式移动机构**

履带式移动机构所用的履带是一种循环轨道，采用沿车轮前进方向边铺设移动面边移动的方式。该机构可在有台阶、壕沟等障碍物的空间中移动，比车轮式移动机构应用范围广，但结构较车轮式移动机构复杂。履带式移动机构一般由履带、支撑履带的链轮和滚轮及承载这些零部件的支撑框架构成，支撑框架安装在车体上。

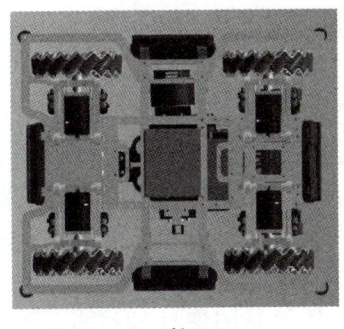

a)　　　　　　　　　　　　　　b)

图 2-2　移动机器人的四轮结构

3. 双足式移动机构

双足式移动机构是采取双足移动的。研究双足移动机构主要是模仿人或动物的移动机理，因此大多数双足机构的结构类型模仿了人类腿脚的旋转关节机构。

4. 混合式移动机构

混合式移动机构为了发挥车轮式移动机构在平整地面上高速有效移动的优点，又能在某种程度上适应不平整地面，将车轮与其他形式的机构组合起来，有效地发挥两者的优点。目前，已研发出来的混合式移动机构已应用在轮腿式火星探测机器人，轮腿双足移动机器人，体节躯干移动机器人，履带与躯干、腿脚与履带、躯干与腿脚的组合机器人等。

5. 水下移动机构

水下移动机构是指能够在水下环境中移动的机械装置或设备，通常用于海洋科学研究、海洋资源开发、海底管道维护、潜水救援等领域。

水下移动机构可以采用各种不同的设计和技术，如水下机器人、潜水器、潜水艇、水下车辆等。水下移动机构通常具有防水外壳和专门设计的动力系统，以适应水下高压环境和水流的影响。水下移动机构通常配备有推进器、定位系统、传感器和摄像头，以便在水下进行导航、定位和执行任务。一些先进的水下移动机构还可以通过遥控或自主控制进行操作，并具有一定的智能和自主决策能力。

6. 空中飞行移动机构

空中飞行移动机构是指能够在空中进行移动的装置或机构，通常用于飞行器或航空器中。空中飞行移动机构包括发动机、推进器、螺旋桨、翼、舵等部件，通过它们的协调运作，飞行器可以在空中进行各种动作和移动，包括上升、下降、转向、俯冲等。空中飞行移动机构是飞行器能够实现飞行的关键组成部分，它们的设计和性能直接影响飞行器的飞行能力和操控性。移动机器人的空中飞行移动机构如图 2-3 所示。

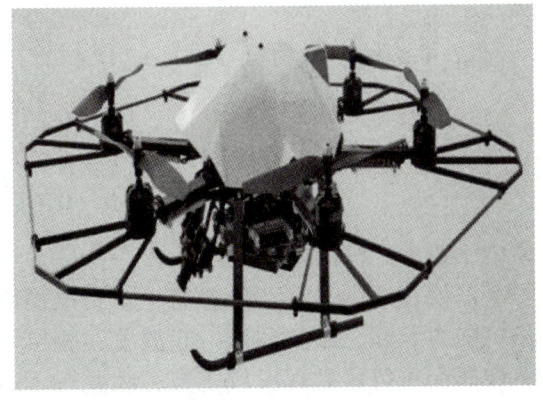

图 2-3　移动机器人的空中飞行移动机构

2.4 图像传感器及其应用

视觉源于生物界获取外部环境信息的一种方式,是自然界生物获取信息的最有效手段,是生物智能的核心组成之一。人类 80% 的信息是依靠视觉获取的,基于这一启发,研究人员开始为机器安装"眼睛",使机器和人类一样通过"看"获取外界信息,由此诞生了一门新兴学科——计算机视觉。人们通过对生物视觉系统的研究,从而模仿制作机器视觉系统,尽管与人类视觉系统相差很大,但其对传感器技术而言是突破性的进步。视觉传感器技术的实质就是图像处理技术,通过截取物体表面的信号绘制成图像,从而呈现在研究人员的面前。

作为图像传感器的代表,数码相机是一种用于捕捉和分析视觉信息(通常是图像或视频流)的设备。数码相机利用光电器件的光电转换功能,将感光面上的光像转换为与光像成相应比例关系的电信号。与光电二极管、光电晶体管等"点"光源的光电元件相比,数码相机是将其受光面上的光像分成许多小单元,将其转换成可用的电信号的一种功能器件。数码相机具有体积小、质量小、集成度高、分辨率高、功耗低、寿命长、价格低等特点,在各个行业得到了广泛应用。

2.4.1 相机模型

数码相机图像拍摄过程实际上是一个光学成像过程,它是将三维世界中的坐标点(单位为 m)映射到二维图像平面(单位为像素),通常可以采用针孔模型进行描述,即一束光线通过针孔后,在针孔背面投影成像。本节给出针孔模型及针孔模型的 4 个坐标系:世界坐标系、相机坐标系、图像坐标系、像素坐标系以及这 4 个坐标系的转换。

图 2-4 所示为典型的针孔模型成像过程,物点平面通过针孔模型形成倒立的二维图像平面。针对该针孔模型进行几何建模,设 $Oxyz$ 为相机坐标系,O 为相机光心,也是针孔模型中的针孔。现实世界的空间点 P 经过小孔 O 投影后,落在物理图像平面 $O'x'y'$ 上,成像点为 P'。设 P 和 P' 的坐标分别为 (X_c, Y_c, Z_c)、(x, y),设物理成像平面到小孔的距离为 f(焦距),则根据三角形相似关系,有

$$\frac{f}{Z_c} = \frac{X_c}{x} = \frac{Y_c}{y} \tag{2-1}$$

由此可以求解得到:

$$[x \ y \ 1]^T = \begin{bmatrix} f & 0 & 0 \\ 0 & f & 0 \\ 0 & 0 & 1 \end{bmatrix} \left[\frac{X_c}{Z_c} \ \frac{Y_c}{Z_c} \ 1 \right]^T = \boldsymbol{K} \left[\frac{X_c}{Z_c} \ \frac{Y_c}{Z_c} \ 1 \right]^T \tag{2-2}$$

式中,$\boldsymbol{K}$ 为相机的内参矩阵。

需要注意的是,此处忽略了针孔模型倒像所引入的负号,这是将成像平面对称放置在相机前方,和三维空间点一起放置在相机坐标系的同一侧的缘故。由于大多数相机在输出图像时会进行预处理形成正像,因此在不引起歧义的情况下,可以将式(2-1)和式(2-2)称为针孔模型。

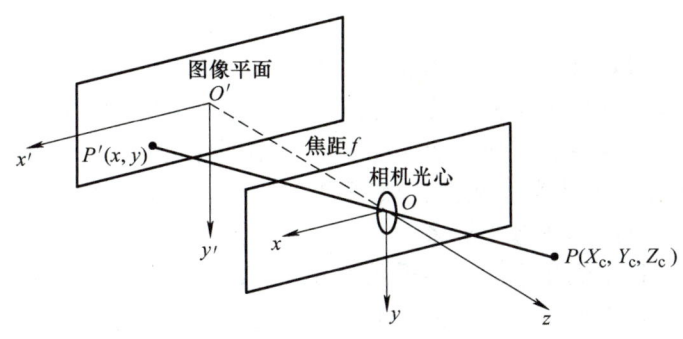

图 2-4　针孔模型成像过程

式（2-2）描述了物点 P 和像点 P' 的空间关系。但是，在数码相机中，最终获得是图像像素，即对图像平面上的每个点进行采样和量化后形成图像像素的过程。此处在物理图像平面上引入像素平面 $O''uv$，由此在像素平面上得到点 P' 的像素坐标为 (u,v)。如图 2-5 所示，相机坐标和像素坐标之间的转换关系为

$$[u\ v\ 1]^T = \begin{bmatrix} \dfrac{1}{dx} & 0 & u_0 \\ 0 & \dfrac{1}{dy} & v_0 \\ 0 & 0 & 1 \end{bmatrix} [x\ y\ 1]^T \tag{2-3}$$

式中，(u_0,v_0) 为相机坐标系原点 O 在 $O''uv$ 坐标系中的坐标；dx 和 dy 分别为沿 x 方向和 y 方向一个像素所占的长度单位。

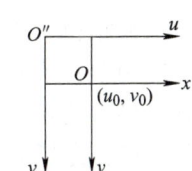

图 2-5　相机坐标与像素坐标之间的转换关系

此外，由于相机处于三维世界绝对坐标系当中，因此相机在三维世界中应具有其自身的坐标 (X_w,Y_w,Z_w)。世界坐标到相机坐标的转换即可采用 3.1.2 小节介绍的刚体变换和齐次矩阵求解，在此先给出推导结果：

$$[X_c Y_c Z_c 1]^T = \begin{bmatrix} R & t \\ \mathbf{0}^T & 1 \end{bmatrix} [X_w Y_w Z_w 1]^T \tag{2-4}$$

对 2.4.1 节描述的 4 个坐标系定义及公式推导总结如下。

1）世界坐标系：客观三维世界的绝对坐标系，也称客观坐标系。因为数码相机安放在三维空间中，所以需要世界坐标系这个基准坐标系来描述数码相机的位置，并且用其来描述安放在此三维环境中的其他任何物体的位置，用 (X_w,Y_w,Z_w) 表示其坐标值。

2）相机坐标系（光心坐标系）：以数码相机的光心为坐标原点，x 轴和 y 轴分别平行于图像坐标系的 x' 轴和 y' 轴，数码相机的光轴为 z' 轴，用 (X_c,Y_c,Z_c) 表示其坐标值。

3）图像坐标系：以图像平面的中心为坐标原点，x' 轴和 y' 轴分别平行于图像平

面的两条垂直边,用 (x,y) 表示其坐标值。图像坐标系是用物理单位表示像素在图像中的位置。

4)像素坐标系:以 CCD 图像平面的左上角顶点为原点,u 轴和 v 轴分别平行于图像坐标系的 x' 轴和 y' 轴,用 (u,v) 表示其坐标值。数码相机采集的图像首先形成标准电信号的形式,然后通过模/数转换变换为数字图像。每幅图像的存储形式是 $M \times N$ 的数组,M 行 N 列的图像中的每一个元素的数值代表图像点的灰度。这样的每个元素叫像素,像素坐标系就是以像素为单位的图像坐标系。

其中,世界坐标到相机坐标的转换采用第 3 章介绍的刚体变换和齐次矩阵,相机坐标到图像坐标转换则采用 2.4.1 小节介绍的针孔模型透视投影,图像坐标到像素坐标转换则利用单位和原点的关系。4 个坐标系之间的关系可以用图 2-6 进行表示。

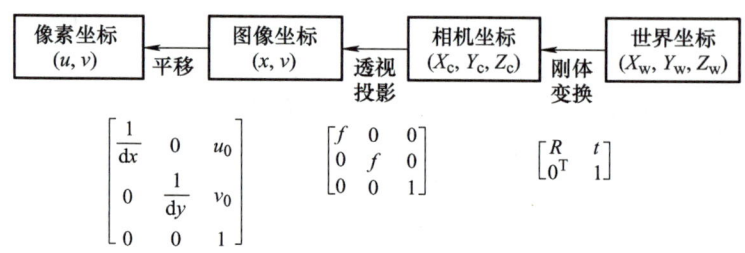

图 2-6 4 个坐标系之间的关系

2.4.2 双目相机深度估计

双目相机一般由左眼相机和右眼相机两个水平放置的相机组成。在左右双目相机中,可以把两个相机看作针孔相机,它们水平放置,光圈中心位于 x 轴上,两者之间的距离称为双目相机的基线(记作 b),是双目相机的重要参数。图 2-7 所示为双目相机深度估计原理图,P 点为场景中的一个实物点,其在两个平行放置的相机像面上的像点分别为 P_L 和 P_R。由于相机基线的存在,因此这两个成像位置不相同。理想情况下,由于左右相机只在 x 轴上有位移,因此 P 的成像也只在 x 轴上有差异。记它的左侧坐标为 u_L,右侧坐标为 u_R,Z 为实物点 P 到相机的垂直距离。根据相似三角形原理,可得

$$\frac{Z-f}{Z} = \frac{b - u_L + u_R}{b} \tag{2-5}$$

将公式进行转换后,可得

$$z = \frac{fb}{d}, d = u_L - u_R \tag{2-6}$$

由式(2-6)可以看出,基线 b 越大,双目能测量得到的距离就越长。类似于人眼在看远处物体时,通常无法准确判断物体与人们之间的距离。另外,定义左右图的横坐标之差为视差 d。视差 d 的计算比较困难,需要找到左眼图像中某个像素在右眼图像中的位置,采用图像特征点提取和匹配算法完成,其精度决定了深度估计的精度。

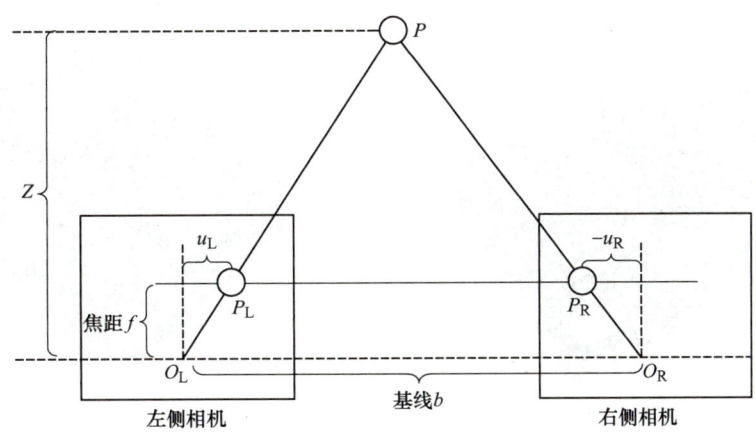

图 2-7 双目相机深度估计原理图

2.5 惯性传感器及其应用

惯性传感器主要检测和测量加速度、倾斜、冲击、振动、旋转和多自由度运动,是解决导航、定向和运动载体控制的重要部件。惯性传感器包括加速度传感器(加速度计)、陀螺仪(角速度传感器),以及它们的单、双、三轴组合 IMU(惯性测量单元)。

2.5.1 加速度传感器

加速度传感器是一种用于测量加速度的传感器,常见的加速度传感器默认指线加速度传感器,包括电容式、电感式、应变式、压阻式、压电式等。加速度传感器广泛应用于手机和平板计算机的屏幕旋转、运动跟踪、自动步数计、汽车碰撞检测、姿态测量和航空航天导航等领域。加速度传感器可以用来测量各类加速度,包括重力加速度和物体在运动过程中由于速度改变产生的加速度。图 2-8 所示为微机电系统(Micro-Electro-Mechanical System,MEMS)加速度传感器 ADXL345,其为具有 13 位分辨率的低功耗 3 轴加速度传感器,加速度测量范围包括 ±2g、±4g、±8g 或 ±16g,可通过 SPI(Serial Peripheral Interface,串行外设接口)或 I^2C(Inter-Integrated Circuit,内部集成电路)接口访问,最高分辨率可达 4mg/LSB。其芯片体积仅 3mm×5mm×1mm,适合在各类移动设备中使用。

2.5.2 陀螺仪

陀螺仪是一种利用高速回转体的动量矩敏感壳体相对惯性空间绕正交于自转轴的一个或两个轴的角运动检测装置。陀螺仪中心转子在高速转动时,其旋转轴的方向在不受外力影响时不会发生改变,即保持原有方向。万向坐标系则会随着外界设备姿态的变化而发生变化,检测旋转轴在万象坐标系中的姿态,即可获得外界设备的转动状态。陀螺仪广泛地应用在图像稳定、飞行器导航、游戏控制器、虚拟现实头戴设备等。图 2-9 所示为一种经典的 6 轴运动处理传感器 MP6050,有 6 个测量轴,即其内部集成了 3 轴 MEMS 加速度传感器和 3 轴 MEMS 陀螺仪。

图 2-8　MEMS 加速度传感器 ADXL345

图 2-9　6 轴运动处理传感器 MP6050

2.5.3　惯性测量单元

惯性测量单元（Inertial Measurement Unit，IMU）是一种电子设备，通常包括一组加速度计和陀螺仪，它们是惯性系统的核心部件，是影响惯性系统性能的主要因素。此外，IMU 有时也包括磁力计和气压计等其他传感器。加速度计通过测量物体在 3 个轴上的加速度来确定物体的线性运动状态。当物体加速或减速时，加速度计会感知到这种变化，并产生相应的电信号。对这些信号进行处理后，可以得到物体在 3 个轴上的加速度值，从而计算出物体的速度和位移。陀螺仪则通过测量物体在 3 个轴上的角速度来确定物体的旋转状态。当物体发生旋转时，陀螺仪会感知到这种旋转，并产生相应的电信号。对这些信号进行处理后，可以得到物体在 3 个轴上的角速度值，从而计算出物体的角度和角位移。IMU 会将加速度计和陀螺仪的测量值进行融合和处理，最终提供物体在三维空间中的位置、速度和方向信息。

图 2-10 所示为 AH-100B-MEMS 微型航姿参考元件。此设备可以采集传感器数据，输出机器人实时姿态信息，包括角速度和加速度。通过计算机器人在积分时间 ΔT 内的加速度，对加速度进行二次积分，即可得出机器人在时间段 ΔT 内的位移量。相对位移量结合初始位姿，即可确定经过 ΔT 后机器人的位姿。

图 2-10　AH-100B-MEMS 微型航姿参考元件

2.6 距离传感器及其应用

距离和位置是机器人的重要状态信息,严格意义上,机器人的位置信息也是通过机器人多次测量与已知位置参照物之间的距离来确定的。机器人测距系统的主要功能如下。

1)检测自身与固定标志物之间的距离,以确定自身所处位置。
2)检测当前障碍物之间的距离和方向,为机器人移动提供决策依据。
3)检测障碍物的姿态和形状,为机器人移动提供决策依据。

机器人的测距方式以非接触式为主,即不采用类似尺等接触式工具的测量方法。非接触式测距方式以各类传输媒介作为测量介质,有如下几种分类方式。

1)根据测量介质进行分类,可以分为声波或超声波测距、红外测距、激光测距等。介质与测距环境关系密切,包括工作环境和测量距离等。

2)根据测量方法进行分类,可以分为主动辐射测距和被动辐射测距。主动辐射测距即测距装置上需要有辐射信号发送装置,依靠被测物体的反射来测量距离;被动辐射测距即测距装置只具备接收功能,不向外发送任何测距相关信号(光/声波等),只通过测量被测物体的辐射即可完成测量。

3)根据测量原理进行分类,除了依据立体视觉的方法之外,还包括直接利用信号强度的强度测量法、依据信号传播时间的传播时间测量法、依据信号传播后相位差的相位测量法等。

在各种测量原理中,由于电磁波、光波或声波等信号在传输过程中的理论衰减曲线会受到直线传播(Line of Sight,LOS)或非直线传播(Non-Line of Sight,NLOS)时各类障碍物,以及雨、雾、云等难以预知的影响,产生较大的信号强度漂移,因此目前的各类传感器已经极少直接使用信号强度计算距离。但是,利用信号强度进行有无判别的传感器在机器人领域仍发挥着重要作用,如各类接近开关、光电开关和光电围栏等。

2.6.1 声波测距原理

各类声波测距设备大多是使用传播时间测量法测量距离的。基于声波在空气中有较低传播速率的特性,机器人系统中通常会使用超声波模块进行近距离测量。利用声波可以在水中传播的特性,水下机器人系统可以利用声呐测距,通过水声进行通信。基于超声波测距模块,陆地机器人系统可以实现避障、定位和环境建模功能。各类竞赛小车和汽车上的倒车雷达及近距离防碰撞设备都使用了超声波测距模块进行近距离测距。

超声波是指频率高于 20kHz 的声波,具有方向性好、穿透力强、声束能量集中等优点,可以实现向特定方向的发射。采用超声波测距时,通常采用测量脉冲回波时间间隔的方法,即渡越时间法。传感器发射模块在 t_1 时刻向空气中发射一段超声波脉冲,如果在测距范围内有障碍物存在,则超声波脉冲会被障碍物反射并被传感器接收模块所接收(接收模块与发射模块的位置差可以忽略),若接收时刻为 t_2,则障碍物距离传感器接收模块的距离 s 为

$$s = \frac{c(t_2 - t_1)}{2} \tag{2-7}$$

式中，c 为空气中的声速。

超声波的时间测距法虽然原理简单，但在实际应用中存在诸多限制因素：

1）距离过近无法使用。由于超声波脉冲有一定的时间宽度，一旦测量距离过近，就会导致传感器无法区分发射波束和反射波束，因此超声波传感器的最小测量距离通常不小于几厘米。

2）由于超声波在传输过程中会逐渐衰减，现有超声波传感器测量距离一般在 10m 以内。

3）超声波传感器的声波不具备指纹特征，因此多个传感器之间不具备区分能力，难以构成独立的连续工作的测距阵列。

图 2-11 是超声波传感器时序。该传感器在工作时，首先向传感器发出一个超过 10μs 的高电平触发信号，传感器开始工作。传感器通过发射段向外发射 8 个 40kHz 的方波，并不断通过接收端检测是否有信号返回。若接收端有信号返回，则表示传感器收到了被测物体的反射回波，并通过响应端输出一段高电平信号。高电平信号的持续时间就是超声波脉冲从发射到返回的时间，如此可计算出超声波的传输距离，即传感器到被测物体距离的 2 倍。

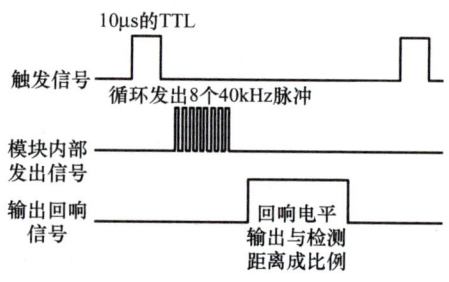

图 2-11 超声波传感器时序

2.6.2 红外测距原理

红外测距的基本原理是利用信号强度计算距离，其传感器对工作环境要求较高。目前市售红外测距传感器主要是 SHARP 公司的 GP2D12、GP2D15 系列等。红外测距传感器相较超声波传感器，具有体积小、功耗低等优势。图 2-12 是 GP2D12 传感器的外部结构及其内部原理图。

GP2D12 传感器的测量范围为 10～80cm，其输出电压与反射物距离之间具有一定的关系，可通过一定的换算关系或查表将传感器的输出电压转换为距离。光照强度、环境温度甚至反射物的运动形式等外界因素都会对该类传感器测距产生影响，传感器的使用手册中明确要求工作时应保持光学镜头清洁，并避免在工作环境中出现灰尘、水、油等其他影响光学传输的干扰因素。

利用信号强度原理进行光学测距的红外传感器在实际应用中有较大的局限性，其测距范围小于超声波传感器，且对测距的工作环境也有较高的要求。因此，这类传感器一般工作在清洁稳定、测距范围满足近距离要求的环境中。

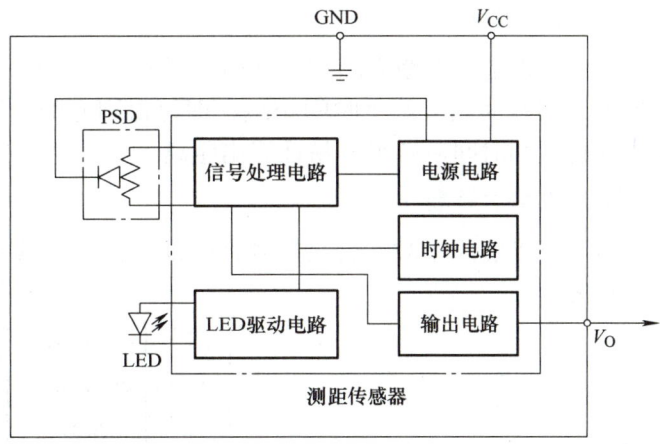

图 2-12　GP2D12 传感器的外部结构及其内部原理图

2.6.3　激光测距原理

超声波信号和红外光信号由于指向性较差,其信号强度会随着传播距离的增大而逐渐衰减。但激光具有高指向性、高单色性和高亮度等特点,可以实现远距离的传输和测距。激光雷达是指用激光器作为辐射源的雷达,是激光技术与雷达技术相结合的产物,由发射机、天线、接收机及信息处理等部分组成。其中,发射机是各种形式的激光器,如二氧化碳激光器、掺钕钇铝石榴石激光器、半导体激光器及固体激光器等;接收机采用各种形式的光电探测器,如光电倍增管、半导体光电二极管、雪崩光电二极管、红外和可见光多元探测器件等。激光测距主要有三角测距和飞行时间(Time of Flight,ToF)测距两种方式。

1. 三角测距原理

三角测距原理如图 2-13 所示,激光器发射的激光在照射到物体后,反射光由线性 CCD 接收。由于激光器和探测器间隔了一段距离,因此依照光学路径,不同距离的物体将会成像在 CCD 上的不同位置。按照三角公式进行计算,就能推导出被测物体的距离。

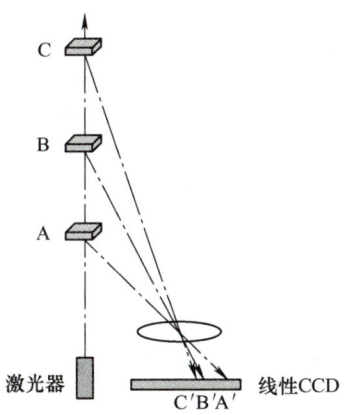

图 2-13　三角测距原理

2. ToF 测距原理

激光器发射一个激光脉冲,并由计时器记录发射时间;回返光经接收器接收,并由计时器记录回返时间。两个时间相减,即可得到光的"飞行时间",而光速是一定的,因此在已知速度和时间后就很容易计算出距离。

3. 激光雷达距离计算

对于三维空间中激光雷达探测到的某一点,设其坐标为 $[x \; y \; z]^T$,3D 雷达的测量模型可表示为

$$\begin{bmatrix} x \\ y \\ z \end{bmatrix} = l \begin{bmatrix} \cos\lambda\cos\gamma \\ \cos\lambda\sin\gamma \\ \sin\lambda \end{bmatrix} \tag{2-8}$$

式中,l 为激光雷达至障碍物的距离;λ 为激光线束与水平方向夹角;γ 为激光线束与垂直方向夹角。

在输出数据时,激光雷达可输出被测障碍物的距离值、角度值、三维坐标等信息。

第 3 章

移动机器人基础知识

人们对移动机器人的基本要求是能够表示物体在环境中的位置、方向和位姿,这些物体包括机器人、摄像机、工件、障碍物和环境中的路径等。空间中的点是数学概念,可以被表示为位置向量,也可称为约束向量,用来表示点相对于某个参考坐标系的位移。采用空间中的点来表示移动机器人所在环境中的各类物体,进而求解其位置、方向和位姿不失为一种有效的解决方案。本章将重点介绍移动机器人基础知识,包括空间中点的数学模型与表示、机器人轨迹可视化以及 SLAM 技术的基本原理。

3.1 数学模型与表示

3.1.1 三维空间和刚体

三维空间是现实存在的空间,它具有长、宽、高 3 个维度,构成了人们所见所感的实体世界。日常生活的空间是三维的,因此人们生来就习惯于三维空间的运动。三维空间由 X、Y 和 Z 3 个轴组成,空间点位置由其三维坐标指定。

刚体是指在运动中和受到力的作用后,形状和大小不变,而且内部各点的相对位置不变的物体。绝对刚体实际上是不存在的,只是一种理想模型,因为任何物体在受力作用后,都会或多或少产生变形,如果变形的程度相对于物体本身几何尺寸来说极为微小,在研究物体运动时变形就可以忽略不计。人们所研究的移动机器人可以看成三维空间的刚体。当在三维空间中研究移动机器人的运动时,首先需要考虑的是它的位姿,即机器人的位置和自身姿态。其中,位置是指移动机器人在空间中的哪个地方,而姿态则是指移动机器人的朝向。那么如何采用数学语言来描述机器人的运动呢?

3.1.2 刚体变换和齐次矩阵

在机器人的运动过程中,常见的做法是设定一个惯性坐标系(或者称世界坐标系),可以认为它是固定不动的,如图 3-1 中的 $x_w y_w z_w$ 定义的坐标系。同时,移动机器人是一个移动坐标系,如 $x_c y_c z_c$ 定义的坐标系。移动机器人视野中某个向量 $\boldsymbol{p}$ 的坐标为 $\boldsymbol{p}_c$;而从世界坐标系中看,其坐标为

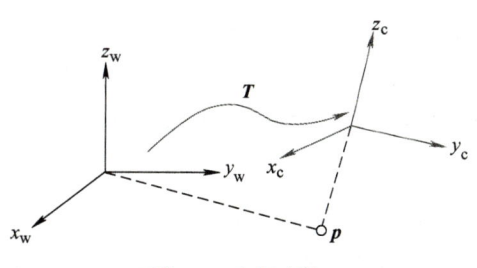

图 3-1 坐标变换

p_w。这两个坐标之间是如何转换的呢?这时,就需要先得到该点针对机器人坐标系的坐标值,再根据机器人位姿转换到世界坐标系中,该转换关系由一个矩阵 T 来描述。

移动机器人的运动是刚体运动,它保证了同一个向量在各个坐标系下的长度和夹角都不会发生变化。这种变换称为刚体变换。刚体变换由旋转和平移两部分组成。首先考虑旋转,设某个单位正交基 $[e_1, e_2, e_3]$ 经过一次旋转变成了 $[e_1', e_2', e_3']$。那么,对于同一个向量 a(注意,该向量并没有随着坐标系的旋转而发生运动),它在两个坐标系下的坐标分别为 $[a_1, a_2, a_3]^T$ 和 $[a_1', a_2', a_3']^T$。

根据坐标的定义,有:

$$[e_1, e_2, e_3]\begin{bmatrix} a_1 \\ a_2 \\ a_3 \end{bmatrix} = [e_1', e_2', e_3']\begin{bmatrix} a_1' \\ a_2' \\ a_3' \end{bmatrix} \tag{3-1}$$

为了描述两个坐标之间的关系,对式(3-1)左右同时左乘 $\begin{bmatrix} e_1^T \\ e_2^T \\ e_3^T \end{bmatrix}$,那么左边的系数变成了单位矩阵,即

$$\begin{bmatrix} a_1 \\ a_2 \\ a_3 \end{bmatrix} = \begin{bmatrix} e_1^T e_1' & e_1^T e_2' & e_1^T e_3' \\ e_2^T e_1' & e_2^T e_2' & e_2^T e_3' \\ e_3^T e_1' & e_3^T e_2' & e_3^T e_3' \end{bmatrix} \begin{bmatrix} a_1' \\ a_2' \\ a_3' \end{bmatrix} \triangleq Ra' \tag{3-2}$$

把中间的矩阵取出,定义成一个矩阵 R。该矩阵由两组正交基 $[e_1, e_2, e_3]$ 和 $[e_1', e_2', e_3']$ 之间的内积组成,刻画了旋转前后同一个向量的坐标变换关系。只要旋转是一样的,那么该矩阵也是一样的。可以说,矩阵 R 描述了旋转本身,因此它又称为旋转矩阵。

旋转矩阵是行列式为1的正交矩阵,把旋转矩阵的集合定义如下:

$$SO(n) = \{R \in \mathbb{R}^{n \times n} | RR^T = I, \det(R) = 1\} \tag{3-3}$$

式中,$SO(n)$ 为特殊正交群(Special Orthogonal Group)。

该集合由 n 维空间的旋转矩阵组成。特别地,$SO(3)$ 是三维空间旋转。通过旋转矩阵,可以描述移动机器人的旋转。

由于旋转矩阵为正交矩阵,因此它的逆(转置)描述了一个相反的旋转。按照式(3-2)的定义方式,有:

$$a' = R^{-1}a = R^T a \tag{3-4}$$

式中,R^T 为相反的旋转。

在刚体变换中,除了旋转之外还有平移。考虑世界坐标系中的向量 a,经过一次旋转(用 R 描述)和一次平移 t 后,得到了 a'。把旋转和平移合到一起,有:

$$a' = Ra + t \tag{3-5}$$

式中,t 为平移向量。

相比于旋转,平移部分只需把该平移量加到旋转之后的坐标上,非常简洁。通过

式（3-5），可用旋转矩阵 $\boldsymbol{R}$ 和平移向量 $\boldsymbol{t}$ 完整描述欧氏空间的坐标变换关系，但该变换关系非线性。假设进行了两次变换：$\boldsymbol{R}_1$、$\boldsymbol{t}_1$ 和 $\boldsymbol{R}_2$、$\boldsymbol{t}_2$，满足：

$$\boldsymbol{b} = \boldsymbol{R}_1\boldsymbol{a} + \boldsymbol{t}_1, \boldsymbol{c} = \boldsymbol{R}_2\boldsymbol{b} + \boldsymbol{t}_2 \tag{3-6}$$

从 $\boldsymbol{a}$ 到 $\boldsymbol{c}$ 的变换为

$$\boldsymbol{c} = \boldsymbol{R}_2(\boldsymbol{R}_1\boldsymbol{a} + \boldsymbol{t}_1) + \boldsymbol{t}_2 \tag{3-7}$$

因此，引入齐次坐标和变换矩阵重写式：

$$\begin{bmatrix} \boldsymbol{a}' \\ 1 \end{bmatrix} = \begin{bmatrix} \boldsymbol{R} & \boldsymbol{t} \\ \boldsymbol{0}^{\mathrm{T}} & 1 \end{bmatrix} \begin{bmatrix} \boldsymbol{a} \\ 1 \end{bmatrix} \triangleq \boldsymbol{T}\tilde{\boldsymbol{a}} \tag{3-8}$$

在三维向量的末尾添加 1，就变成了四维向量，称为齐次坐标。式（3-8）中，矩阵 $\boldsymbol{T}$ 称为变换矩阵（Transform Matrix），$\tilde{\boldsymbol{a}}$ 表示 $\boldsymbol{a}$ 的齐次坐标。

齐次坐标是射影几何里的概念。通过添加最后一维，可用 4 个实数描述三维向量，将变换转为线性形式。在齐次坐标中，某个点 $\boldsymbol{x}$ 的每个分量同乘一个非零常数 k 后，仍然表示同一个点。因此，一个点的具体坐标值不是唯一的。如 $[1,1,1,1]^{\mathrm{T}}$ 和 $[2,2,2,2]^{\mathrm{T}}$ 是同一个点。但当最后一项不为零时，可以把所有坐标除以最后一项，强制最后一项为 1，从而得到点的唯一坐标表示（转换成非齐次坐标）：

$$\tilde{\boldsymbol{x}} = [x, y, z, w]^{\mathrm{T}} = \left[\frac{x}{w}, \frac{y}{w}, \frac{z}{w}, 1\right]^{\mathrm{T}} \tag{3-9}$$

这时，忽略最后一项，该点的坐标和欧氏空间是一样的。依靠齐次坐标和变换矩阵，两次变换的累加可以有很好的形式：

$$\tilde{\boldsymbol{b}} = \boldsymbol{T}_1\tilde{\boldsymbol{a}} \tag{3-10}$$

$$\tilde{\boldsymbol{c}} = \boldsymbol{T}_2\tilde{\boldsymbol{b}} \tag{3-11}$$

$$\tilde{\boldsymbol{c}} = \boldsymbol{T}_2\boldsymbol{T}_1\tilde{\boldsymbol{a}} \tag{3-12}$$

关于变换矩阵 $\boldsymbol{T}$，它具有比较特殊的结构：左上角为旋转矩阵，右侧为平移向量，左下角为 $\boldsymbol{0}$ 向量，右下角为 1。这种矩阵又称为特殊欧氏群：

$$\mathrm{SE}(3) = \left\{ \boldsymbol{T} = \begin{bmatrix} \boldsymbol{R} & \boldsymbol{t} \\ \boldsymbol{0}^{\mathrm{T}} & 1 \end{bmatrix} \in \mathbb{R}^{4\times 4} \mid \boldsymbol{R} \in \mathrm{SO}(3), \boldsymbol{t} \in \mathbb{R}^3 \right\} \tag{3-13}$$

与 SO(3) 一样，求解该矩阵的逆矩阵表示一个反向的变换：

$$\boldsymbol{T}^{-1} = \begin{bmatrix} \boldsymbol{R}^{\mathrm{T}} & -\boldsymbol{R}^{\mathrm{T}}\boldsymbol{t} \\ \boldsymbol{0}^{\mathrm{T}} & 1 \end{bmatrix} \tag{3-14}$$

本小节首先描述了向量和它的坐标表示，并介绍了向量间的运算；然后，由刚体变换的平移和旋转描述坐标系之间的运动。旋转由旋转矩阵 SO(3) 描述，平移由 $\mathbb{R}^3$ 向量描述。将平移和旋转放在同一矩阵中，就形成了变换矩阵 SE(3)。

3.1.3 欧拉角与四元数

用旋转矩阵描述旋转，用变换矩阵描述一个六自由度的三维刚体运动。但是，矩阵表示方式有以下几个缺点。

1）SO(3) 的旋转矩阵有 9 个量，但一次旋转只有 3 个自由度，因此这种表达方式是冗余的。

2）旋转矩阵自身带有约束，它必须是一个正交矩阵，且行列式为 1。变换矩阵也是如此。当估计或优化一个旋转矩阵/变换矩阵时，这些约束会使得求解变得更困难。

因此，人们希望有一种方式能够紧凑地描述旋转和平移。例如，用一个三维向量表示旋转，用六维向量表示变换。对于坐标系的旋转，我们知道，任意旋转都可以用一个旋转轴和一个旋转角来刻画。于是，可以使用一个向量，其方向与旋转轴一致，而长度等于旋转角，这种向量称为旋转向量（或轴角，Axis Angle）。这种表示法只需一个三维向量即可描述旋转。同样，对于变换矩阵，使用一个旋转向量和一个平移向量即可表达一次变换，这时的维数正好是六维。

旋转向量和旋转矩阵之间是如何转换的呢？假设有一个旋转轴为 n，角度为 θ 的旋转，显然，它对应的旋转向量为 θn。由旋转向量到旋转矩阵的过程由罗德里格斯公式（Rodrigues's Formula）表示，由于其推导过程比较复杂，因此这里不作描述，只给出转换结果：

$$R = (\cos\theta)I + (1 - \cos\theta)nn^T + (\sin\theta)n^\wedge \tag{3-15}$$

式中，n 为旋转轴单位向量；θ 为旋转角度；$\wedge$ 为向量到反对称矩阵的运算符。反之，也可以计算从旋转矩阵到旋转向量的转换。对于旋转角度 θ，取两边的迹 $\text{tr}(R)$，即求矩阵的对角线元素之和：

$$\begin{aligned} \text{tr}(R) &= \cos\theta \text{tr}(I) + (1 - \cos\theta)\text{tr}(nn^T) + \sin\theta \text{tr}(n^\wedge) \\ &= 3\cos\theta + (1 - \cos\theta) \\ &= 1 + 2\cos\theta \end{aligned} \tag{3-16}$$

因此，旋转角度 θ：

$$\theta = \arccos\left[\frac{\text{tr}(R-1)}{2}\right] \tag{3-17}$$

对于旋转轴 n，由于旋转轴上的向量在旋转后不发生改变，因此：

$$Rn = n \tag{3-18}$$

因此，旋转轴 n 是矩阵 R 特征值 1 对应的特征向量。求解此方程，再归一化，就得到了旋转轴。读者也可以从"旋转轴经过旋转之后不变"的几何角度看待该方程。

下面介绍欧拉角。无论是旋转矩阵还是旋转向量，虽然它们能描述旋转，但不够直观，而欧拉角则提供了一种非常直观的方式来描述旋转。

欧拉角使用 3 个分离的转角，把一个旋转分解成 3 次绕不同轴的旋转。当然，由于分解方式有许多种，因此欧拉角也存在不同的定义方法。例如，当先绕 X 轴旋转，再绕 Y 轴旋转，最后绕 Z 轴旋转时，就得到了一个 XYZ 轴的旋转。同理，可以定义 XZY、ZYX 等旋转方式。欧拉角当中比较常用的一种，是用"偏航 - 俯仰 - 滚转"（yaw-pitch-roll）3 个角度来描述旋转，它等价于 ZYX 轴的旋转。假设一个刚体的前方为 X 轴，右侧为 Y 轴，上方为 Z 轴。那么，ZYX 转角相当于把任意旋转分解成以下 3 个轴上的转角。

1) 绕物体的 Z 轴旋转，得到偏航角 yaw。
2) 绕旋转之后的 Y 轴旋转，得到俯仰角 pitch。
3) 绕旋转之后的 X 轴旋转，得到滚转角 roll。

此时，可以使用三维向量 $[r,p,y]^T$ 描述任意旋转。该向量十分直观，可以从该向量想象出旋转的过程。不同的欧拉角是按照旋转轴的顺序来称呼的，如 rpy 欧拉角的旋转顺序是 ZYX。同样，也有 XYZ、XZY 等欧拉角。

欧拉角的一个重大缺点是会出现著名的万向锁（Gimbal Lock）问题：在俯仰角为 ±90° 时，第一次旋转与第三次旋转将使用同一个轴，使得系统丢失了一个自由度（由三次旋转变成了两次旋转）。这被称为奇异性问题，在其他形式的欧拉角中也同样存在。因此，欧拉角不适于插值和迭代，往往只用于人机交互中。

旋转矩阵用 9 个变量描述三自由度的旋转，具有冗余性；欧拉角和旋转向量包含 3 个变量，是紧凑的但具有奇异性。想要无奇异性地表达三维空间旋转，用 3 个变量是不够的。因此，在表达三维空间旋转时，有一种类似于复数的代数：四元数（Quaternion）。

四元数是简单的超复数。复数由实数加上虚数单位 i 组成，其中 $i^2=-1$。相似地，四元数都由实数加上 3 个虚数单位 i、j 和 k 组成，而且它们有如下关系：$i^2=j^2=k^2=-1$。每个四元数都是 1、i、j 和 k 的线性组合，即四元数一般可表示为 $a+bi+cj+dk$，其中 a、b、c、d 是实数。

对于 i、j 和 k 本身的几何意义，可以将其理解为一种旋转，其中 i 旋转代表 Z 轴与 Y 轴相交平面中 Z 轴正向向 Y 轴正向的旋转，j 旋转代表 X 轴与 Z 轴相交平面中 X 轴正向向 Z 轴正向的旋转，k 旋转代表 Y 轴与 X 轴相交平面中 Y 轴正向向 X 轴正向的旋转；-i、-j、-k 分别代表 i、j、k 旋转的反向旋转。

一个四元数 q 拥有 1 个实部和 3 个虚部：

$$q = q_0 + q_1 i + q_2 j + q_3 k \tag{3-19}$$

式中，i、j、k 为四元数的 3 个虚部。

这 3 个虚部满足关系式：

$$\begin{cases} i^2 = j^2 = k^2 = -1 \\ ij = k, ji = -k \\ jk = i, kj = -i \\ ki = j, ik = -j \end{cases} \tag{3-20}$$

由于四元数特殊的表示形式，有时人们也用一个标量和一个向量来表达四元数：

$$q = [s, v], s = q_0 \in \mathbb{R}, v = [q_1, q_2, q_3]^T \in \mathbb{R}^3 \tag{3-21}$$

式中，s 为四元数的实部；v 为四元数的虚部。

如果一个四元数的虚部为 0，则称其为实四元数；反之，若四元数的实部为 0，则称其为虚四元数。

假设绕单位向量 $\boldsymbol{n}=[n_x,n_y,n_z]^T$ 进行了角度为 θ 的旋转,那么该旋转的四元数形式为

$$\boldsymbol{q}=\left[\cos\frac{\theta}{2},n_x\sin\frac{\theta}{2},n_y\sin\frac{\theta}{2},n_z\sin\frac{\theta}{2}\right]^T \qquad (3-22)$$

反之,可从单位四元数中计算出对应的旋转轴与夹角:

$$\begin{cases}\theta=2\arccos q_0\\ [n_x,n_y,n_z]^T=[q_1,q_2,q_3]^T/\sin\frac{\theta}{2}\end{cases} \qquad (3-23)$$

同样,对式(3-22)的 θ 加上 2π,可以得到一个相同的旋转,但此时对应的四元数变成了 $-\boldsymbol{q}$。因此,在四元数中,任意旋转都可以由两个互为相反数的四元数表示。同理,取 θ 为 0,则得到一个没有任何旋转的实四元数:

$$\boldsymbol{q}=[\pm1,0,0,0]^T \qquad (3-24)$$

3.2 机器人轨迹可视化

机器人轨迹是随时间变化的机器人位置。有些情况下,机器人的轨迹完全由任务决定,如末端执行器需要跟踪一个已知运动的物体;另一些情况下,任务只是简单地要求机器人在一个给定的时间内从一个位置运动到另一个位置。接下来将通过旋转和平移对机器人的轨迹进行可视化显示。首先,假设通过某种方式记录了一个机器人的运动轨迹并将轨迹文件存储于 trajectory.txt 文件,每一行用以下格式进行存储:

$$[\text{time},t_x,t_y,t_z,q_x,q_y,q_z,q_w] \qquad (3-25)$$

式中,time 为该位姿的记录时间;$[t_x,t_y,t_z]$ 为平移;$[q_x,q_y,q_z,q_w]$ 为旋转四元数,均是以世界坐标系到机器人坐标系记录。很多公开的数据集都包含运动轨迹文件 trajectory.txt。图 3-2 所示分别为 Kitti 数据集二维平面轨迹和 EUROC 数据集三维空间轨迹。

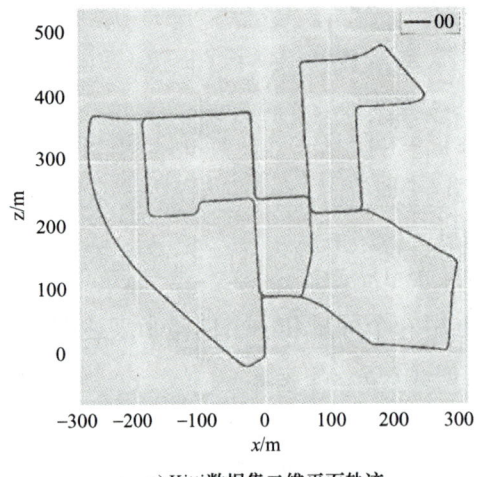
a) Kitti 数据集二维平面轨迹

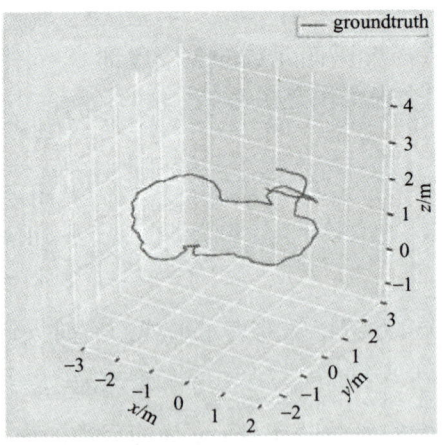
b) EUROC 数据集三维空间轨迹

图 3-2 机器人轨迹

3.3　SLAM 基本原理

移动机器人能够在环境中自如移动与 SLAM 技术息息相关。图 3-3 所示为 SLAM 系统基本框架，SLAM 包括移动机器人运动状态估计和传感器检测到的环境模型的构建两个部分。其中，移动机器人的状态可由其位姿描述，而建图则是对移动机器人所处环境的信息如位置、障碍等的描述。一个完整的 SLAM 框架包括数据采集、前端、后端、回环检测与地图构建。其中，数据采集是控制传感器采集机器人周围环境数据；前端将传感器的数据抽象成适用于位姿估计的模型；后端通过优化算法将不同传感器数据进行融合，提高定位和建图精度；回环检测判断机器人是否经过已知的位置，对地图进行优化和修正，从而得到全局一致的轨迹；地图构建则是根据状态估计得到的轨迹建立与任务要求相对应的地图。通常，仅含有前端和局部后端的框架称为里程计，而带有回环检测和全局后端的完整框架称为 SLAM。

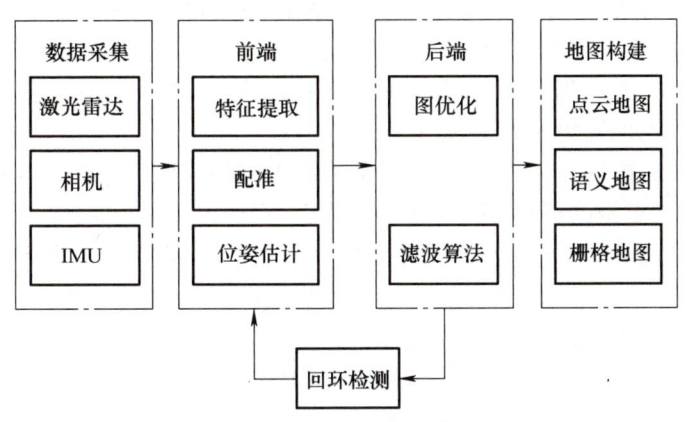

图 3-3　SLAM 系统基本框架

GPS 在全球环境中得到广泛应用，可以提供准确的经纬度坐标。然而，在许多环境中，如室内、地下、高楼、海底等一些遮挡信号的地方，GPS 测量极为不可靠，易产生定位漂移现象。因此，在需要定位的载体上搭建传感器，提供周围环境信息测量或者是自身状态测量是 SLAM 中常用的方法。其中，传感器可依据感知类型分为两类，一类是内部传感器，用来感知移动机器人自身运动状态信息，如编码器、轮速计、IMU 等；另一类是外部传感器，如激光雷达和视觉相机，用来采集移动机器人周围环境信息。图 3-4 所示为基于激光雷达传感器实现的 SLAM 效果。

为了实现定位、导航、建图等功能，需要搭建相关软硬件环境。在后续章节中会陆续介绍基础环境搭建等各类练习，以期通过练习的方式使读者能快速掌握移动机器人的基础功能实现方法。

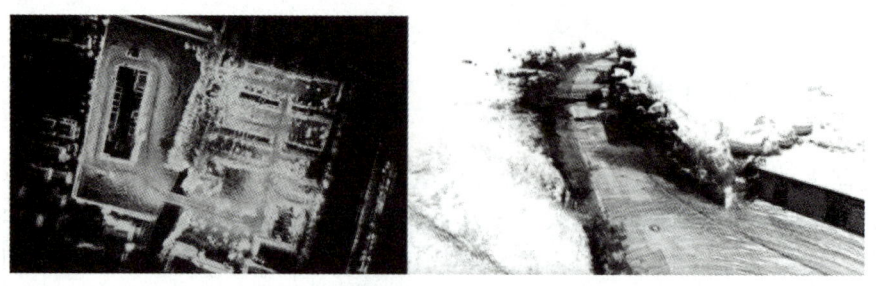

图 3-4 基于激光雷达传感器实现的 SLAM 效果

3.4 自己动手练之基础环境搭建

3.4.1 Ubuntu 操作系统安装

Ubuntu 是一个以桌面应用为主的 Linux 发行版操作系统。现阶段移动机器人的主要开发环境是 Ubuntu 操作系统，该操作系统与 Windows 操作系统的区别在于：Ubuntu 操作系统是开源操作系统，开发者可以很轻松地在该操作系统上进行软件开发、机器调试等；另外，Ubuntu 社区是当前世界上流行的 Linux 社区之一，由诸多开发者共同维护，所以 Ubuntu 操作系统也较为稳定和安全。

Ubuntu 操作系统第一个正式版本于 2004 年 10 月推出，名称为 4.10（2004.10），每个版本的编号均以"年份的最后一位. 发布月份"的格式命名。同时，除了编号之外，每个 Ubuntu 操作系统版本在开发之初还有一个开发代号，格式为"形容词＋动物"，且形容词和动物名称的第一个字母要一致。例如，Ubuntu 16.04 操作系统的开发代号是 Xenial Xerus，译为"好客的非洲地松鼠"；Ubuntu 18.04 操作系统的开发代号是 Bionic Beaver，译为"仿生的海狸"等。Ubuntu 操作系统的最新版本已经到了 24.04 LTS。

考虑到程序软件的兼容性，本书所搭建的基础环境为 Ubuntu 20.04LTS 版本。本次安装是在已经安装好 Windows 操作系统的前提下，通过 U 盘镜像进行 Ubuntu 20.04 的安装。如果计算机仅安装 Ubuntu 操作系统，则可跳过下面的"磁盘划分"步骤。

1. 准备工作

1) 一个 U 盘（内存大于 4GB）。
2) UltraISO（软碟通）软件。
3) Ubuntu 镜像文件。
4) 硬盘至少要留 50GB 的空间。
5) Ubuntu 镜像文件下载链接：https://ubuntu.com/download/desktop，下载列表如图 3-5 所示。

选择"20.04/"，并在页面跳转后选择"Desktop image"版本，如图 3-6 所示。该版本具有图形化界面，在建图、导航以及识别等需要可视化时可发挥重要作用。另外，要根据计算机型号选择 64 位或者 32 位。

Name	Last modified	Size	Description
12.04.5/	2019-03-12 05:16	-	Ubuntu 12.04.5 LTS (Precise Pangolin)
12.04/	2019-03-12 05:16	-	Ubuntu 12.04.5 LTS (Precise Pangolin)
14.04.6/	2020-08-18 08:05	-	Ubuntu 14.04.6 LTS (Trusty Tahr)
14.04/	2020-08-18 08:05	-	Ubuntu 14.04.6 LTS (Trusty Tahr)
16.04.6/	2020-08-18 17:01	-	Ubuntu 16.04.7 LTS (Xenial Xerus)
16.04.7/	2020-08-18 17:01	-	Ubuntu 16.04.7 LTS (Xenial Xerus)
16.04/	2020-08-18 17:01	-	Ubuntu 16.04.7 LTS (Xenial Xerus)
18.04.4/	2020-08-13 15:39	-	Ubuntu 18.04.5 LTS (Bionic Beaver)
18.04.5/	2020-08-13 15:39	-	Ubuntu 18.04.5 LTS (Bionic Beaver)
18.04/	2020-08-13 15:39	-	Ubuntu 18.04.5 LTS (Bionic Beaver)
20.04.1/	2021-01-14 16:56	-	Ubuntu 20.04.1 LTS (Focal Fossa)
20.04/	2021-01-14 16:56	-	Ubuntu 20.04.1 LTS (Focal Fossa)
20.10/	2020-10-22 17:11	-	Ubuntu 20.10 (Groovy Gorilla) Beta
bionic/	2020-08-13 15:39	-	Ubuntu 18.04.5 LTS (Bionic Beaver)
focal/	2021-01-14 16:56	-	Ubuntu 20.04.1 LTS (Focal Fossa)
groovy/	2020-10-22 17:11	-	Ubuntu 20.10 (Groovy Gorilla) Beta
precise/	2019-03-12 05:16	-	Ubuntu 12.04.5 LTS (Precise Pangolin)
trusty/	2020-08-18 08:05	-	Ubuntu 14.04.6 LTS (Trusty Tahr)
xenial/	2020-08-18 17:01	-	Ubuntu 16.04.7 LTS (Xenial Xerus)

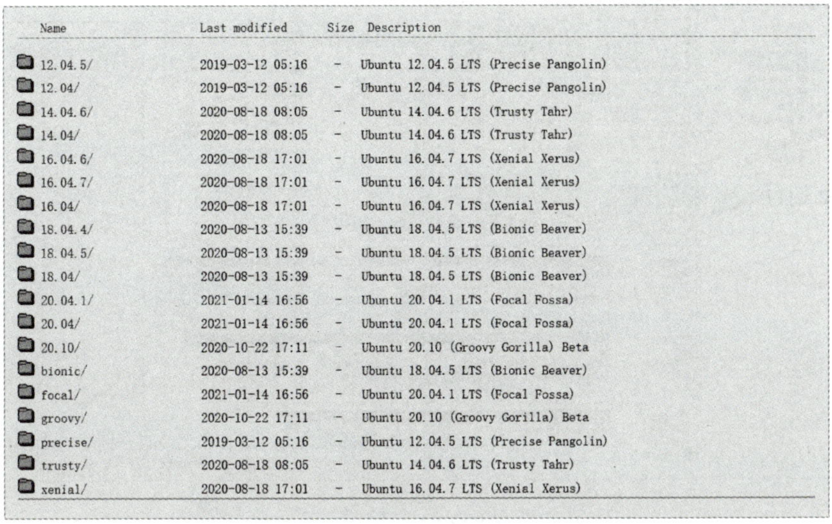

图 3-5　Ubuntu 官方镜像文件下载列表

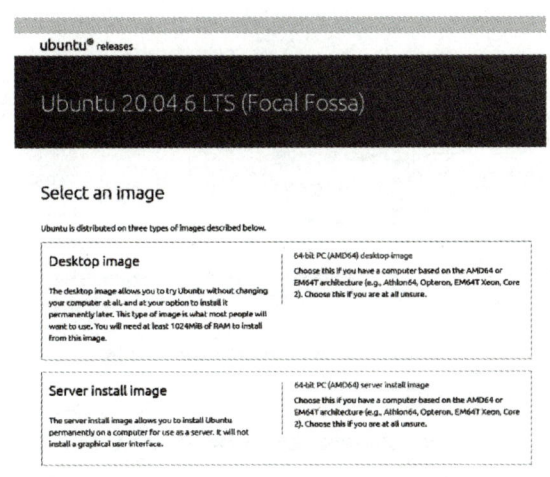

图 3-6　选择 Desktop image 版本

2. 磁盘划分

注意：由于已安装了 Windows 操作系统，因此预先在 Windows 操作系统中进行磁盘划分。该预处理可避免在安装 Ubuntu 操作系统过程中，直接进行磁盘划分时无法清晰明了地分辨所划分磁盘是否为 Windows 操作系统的系统盘。(划分磁盘空间时操作系统会先将磁盘格式化，如果误选择 Windows 操作系统的系统盘，则已装好的操作系统将被损坏。)

“压缩卷”代表磁盘分裂，“扩展卷”代表磁盘合并。

1）右击“我的电脑”，在弹出的快捷菜单中选择“管理”命令。

2）打开“计算机管理”窗口，双击“存储”→“磁盘管理”，如图 3-7 所示。

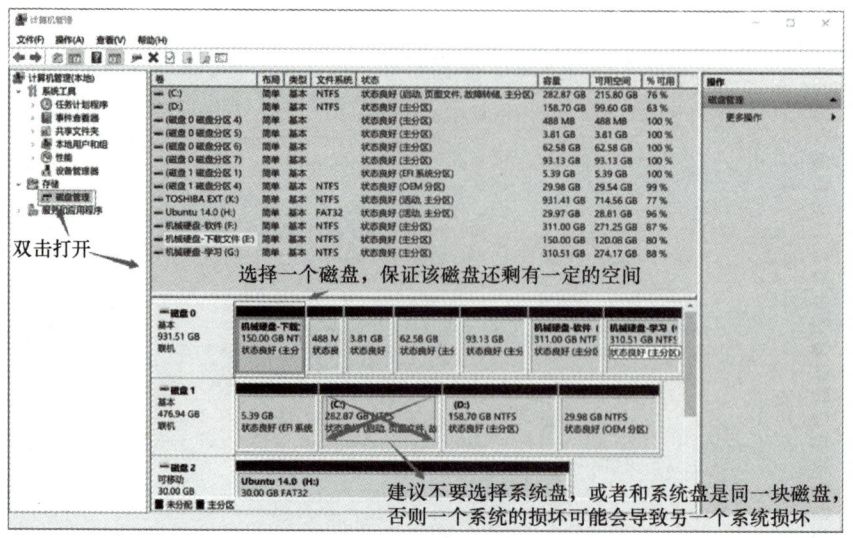

图 3-7　选择非 Windows 系统盘的磁盘进行划分

3）选择有空余磁盘空间的磁盘，右击，在弹出的快捷菜单中选择"压缩卷"（代表磁盘分裂）命令，弹出压缩对话框，在"输入压缩空间量"文本框中，输入所需磁盘空间大小，如图 3-8 所示。

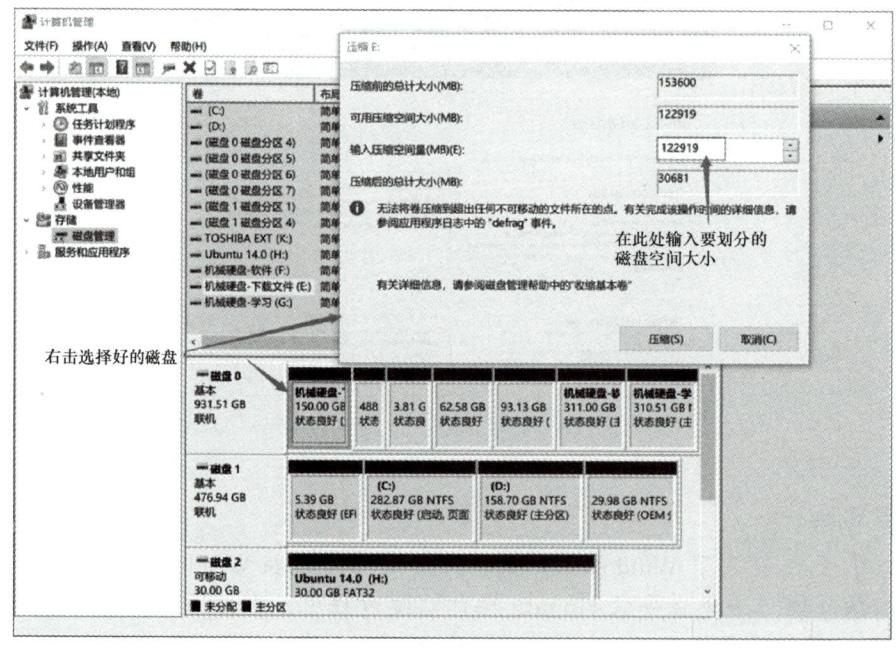

图 3-8　压缩卷

3. U 盘系统启动盘制作

1）插入准备好的 U 盘，打开 UltraISO。

2）选择下载好的 Ubuntu 镜像文件并双击，如图 3-9 所示。

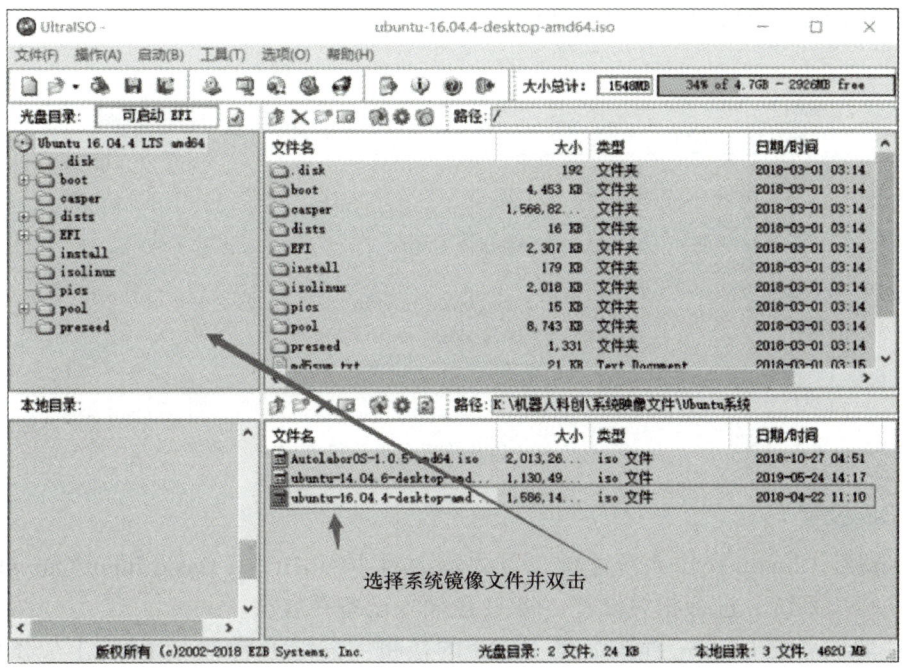

图 3-9 选择镜像文件并双击

3）在菜单栏中选择"启动"→"写入硬盘映像"命令。弹出"写入硬盘映像"对话框，在"硬盘驱动器"下拉列表框中选择预先准备好的 U 盘，单击"写入"按钮，如图 3-10 所示。

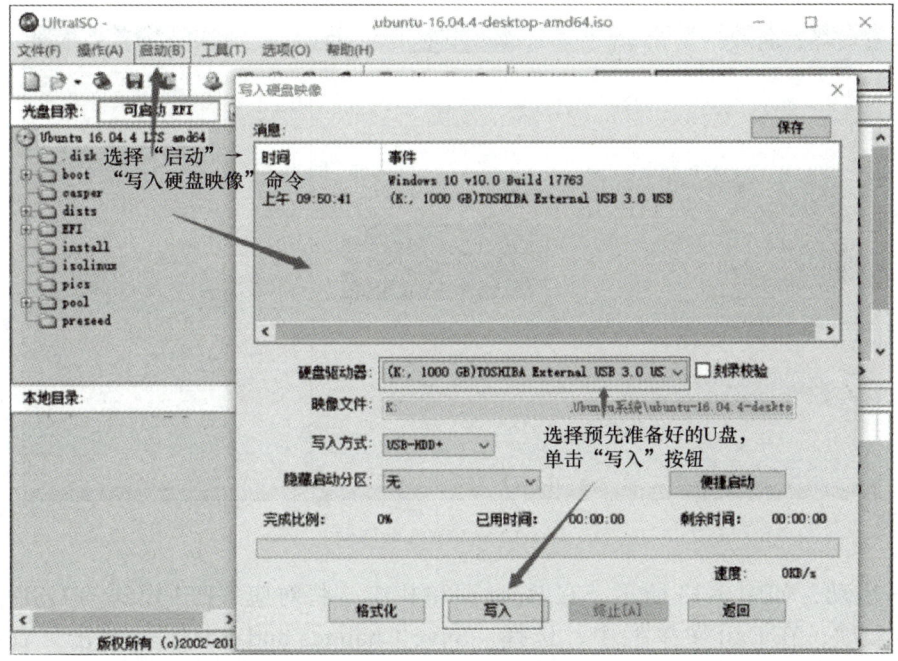

图 3-10 选择对应 U 盘开始制作

4)U 盘系统启动盘制作完成,如图 3-11 所示。

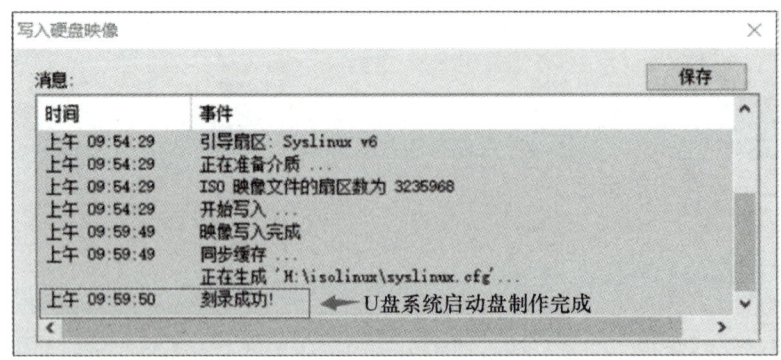

图 3-11　U 盘系统启动盘制作完成

4. BIOS 设置

1)在安装 Ubuntu 操作系统之前,首先需要对主板 BIOS(Basic Input/Output System,基本输入 / 输出系统)进行相关设置,将 U 盘插入设备并启动。

2)启动设备之后,一直按启动 BIOS 的按键(按键通常包括 Esc、F7、F12、F11、F9,不同主板对应的按键不同,读者可通过网上搜索对应型号的 BIOS 启动键),直到进入主板系统窗口或者屏幕下方出现选项。

对主板 BIOS 主要设置两项内容(两关闭、一启动),具体如下。

1)两关闭:关闭"快速启动",BIOS 一般显示为 Fast Boot;关闭"安全启动",BIOS 一般显示为 Secure Boot,如图 3-12 所示。此处是为保证设备可以顺利启动 U 盘。

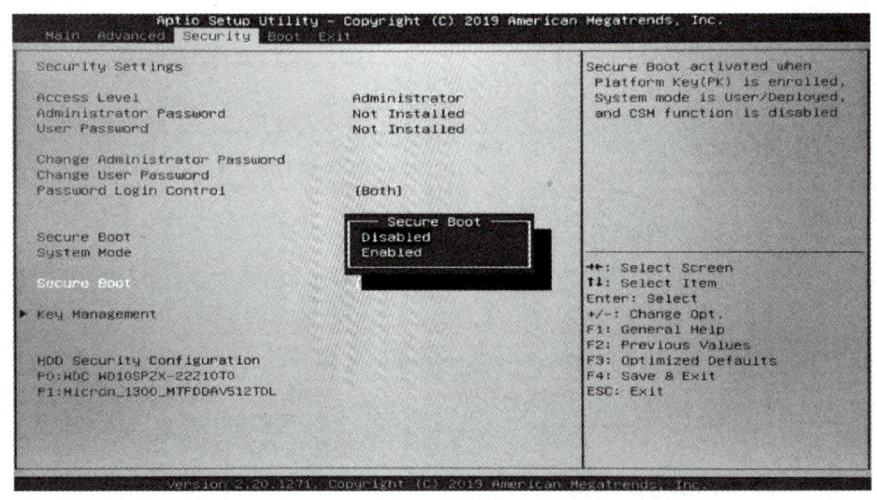

图 3-12　关闭安全启动

2)一启动:如图 3-13 所示,在 Boot 菜单栏中,将对应 UEFI 模式的 USB 启动设置为第一启动项;在 Exit 菜单栏中,选择"Save Changes and Reset",单击"Yes"按钮,保存配置更改并重启计算机,如图 3-14 所示。

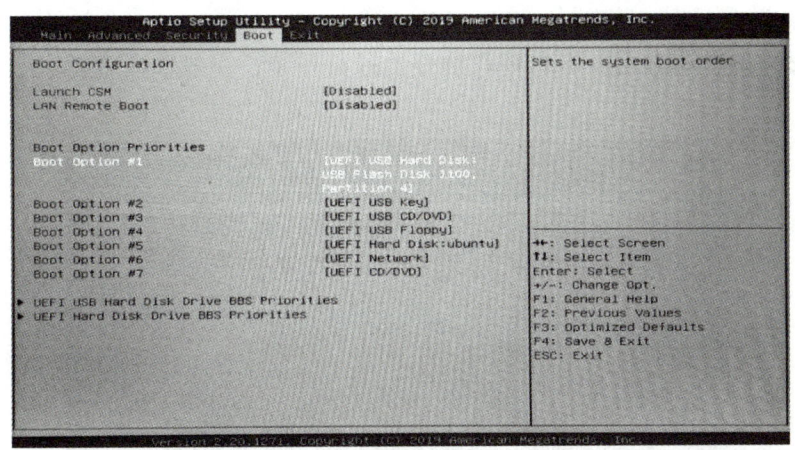

图 3-13　将 U 盘启动项置于首位

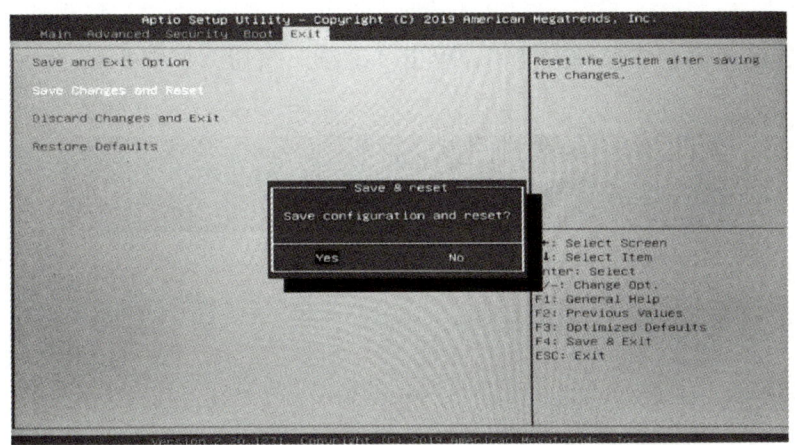

图 3-14　单击"Yes"按钮

5. 开始安装

1）保持 U 盘与计算机的连接，重启设备。若没有设置 USB 启动，则按打开启动菜单栏的按键（BIOS 启动键），选择 UEFI 模式的 USB，如图 3-15 所示。此处按键同理为对应主板的"启动设备选择菜单栏"按键。（如果之前已做好"两关闭、一启动"预处理，该步骤可忽略。）

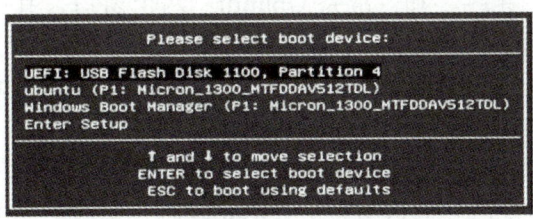

图 3-15　选择 U 盘启动盘

2)选择"Try Ubuntu without installing"或者"Install Ubuntu"(图 3-16)。两种安装方法皆可,前者进入临时 Ubuntu 操作系统,类似于 Windows PE,有时为了进行一些必要操作,会选择该启动方式;后者则直接开始进行安装,一般选择后者。

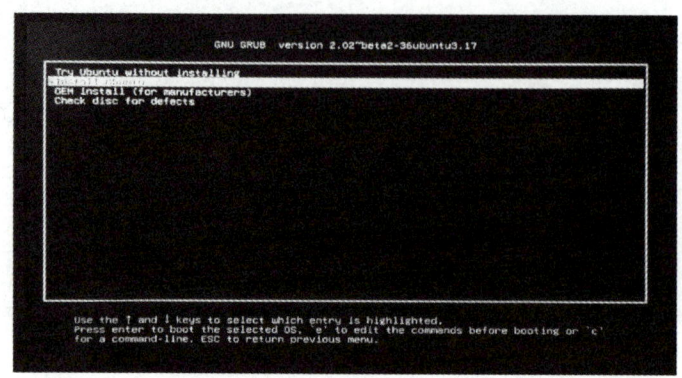

图 3-16　选择"Install Ubuntu"

3)选择安装语言"中文(简体)",单击"继续"按钮,如图 3-17 所示。

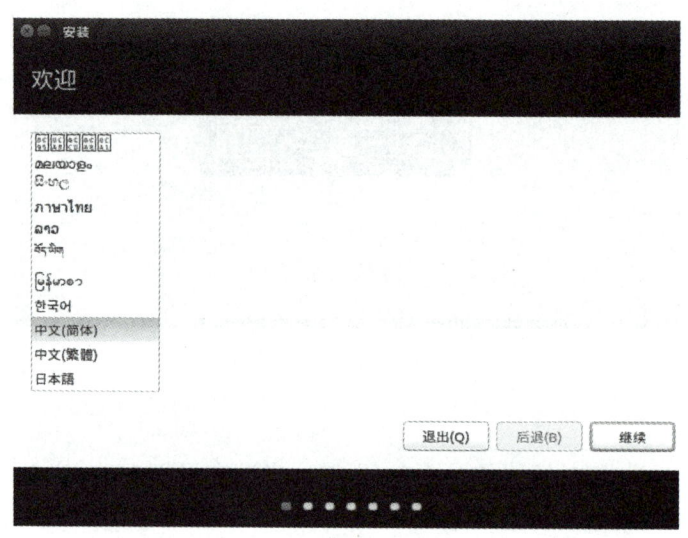

图 3-17　选择"中文(简体)"

4)接下来会打开"无线"和"准备 Ubuntu"两个窗口,其中的设置全部保持默认,不做任何修改,单击"继续"按钮,进行之后的操作。

5)在"安装类型"窗口中选中"其他选项"单选按钮,单击"继续"按钮,如图 3-18 所示。

6)如图 3-19 所示为选择预先划分的磁盘空间,状态为空闲的空间可用于区域划分,主要划分为 / 分区(根空间)、/boot 分区、/swap 分区(交换空间)、/home 分区(主空间)四个区域。

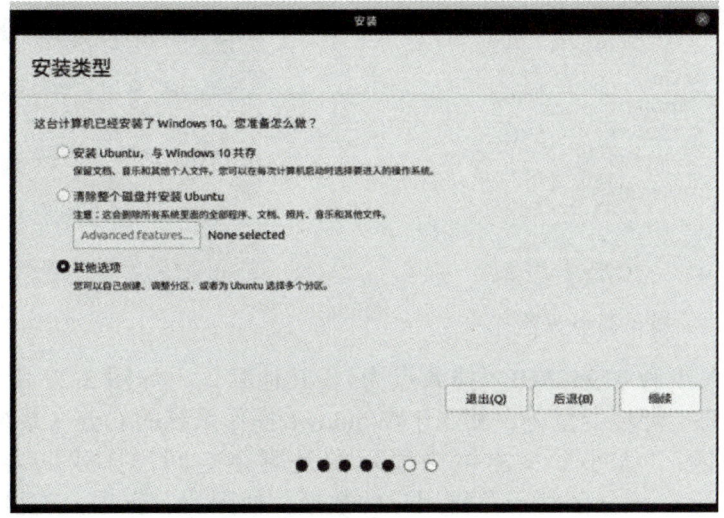

图 3-18 选中"其他选项"单选按钮

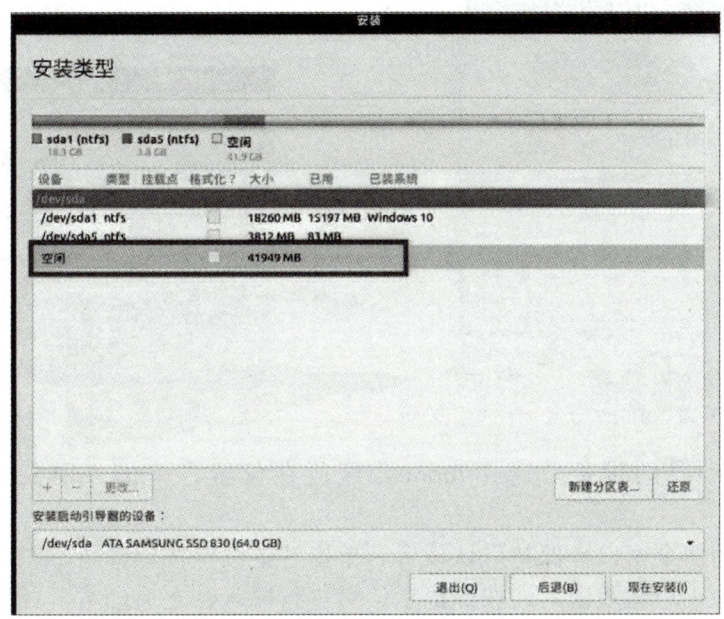

图 3-19 选择预划分的磁盘空间

注意：此处即可直接对磁盘进行划分，而无须在 Windows 操作系统中进行操作。

读者可根据磁盘空间大小进行相应比例的划分，具体如下。

① /boot 分区：大小为 512MB，挂载点为 /boot，其他默认，如图 3-20 所示。该分区主要用于存储系统启动引导项。

② /swap 分区：大小一般为计算机内存大小的 2 倍，如 8192MB，用于选择"交换空间"，如图 3-21 所示。该分区主要用于当内存不够时，通过此分区临时扩大分区内存空间，在执行图像建模等耗内存的任务时有重要作用。

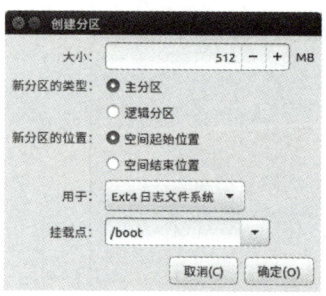
图 3-20 划分 /boot 分区

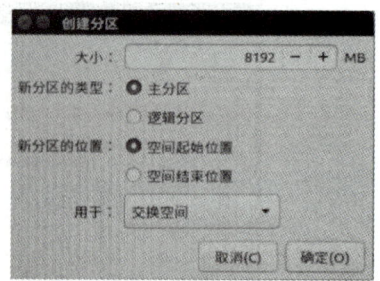
图 3-21 划分 /swap 分区

③ / 分区：大小为 41950MB，挂载点为 /，其他默认，如图 3-22 所示。该分区主要用于存放注册信息、环境变量等，相当于 Windows 操作系统的 C 盘（系统盘）。

④ /home 分区："大小"文本框中显示的是剩余空间，挂载点为 /home，其他默认，如图 3-23 所示。该分区用于存储用户的数据，如图片、音乐、工程文件等，相当于 Windows 操作系统的非 C 盘（非系统盘）。

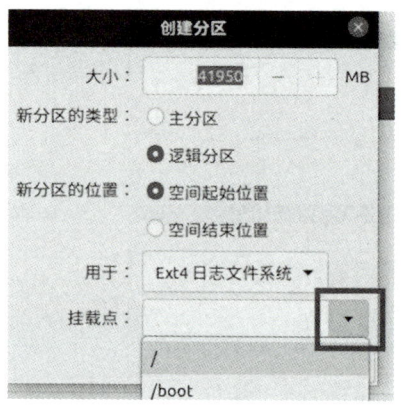
图 3-22 划分 / 分区

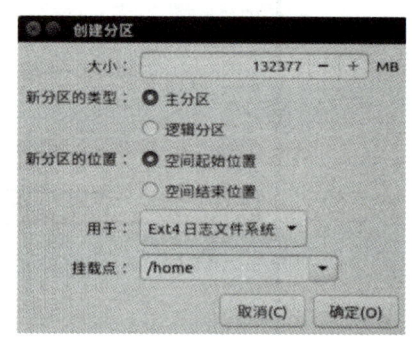
图 3-23 划分 /home 分区

7）安装启动器的设备。选择 /boot 分区所在位置，单击"现在安装"按钮，如图 3-24 所示。

8）接下来的两个窗口皆保持默认设置，单击"继续"按钮即可。

9）提示输入用户名及密码，按照提示信息进行输入，之后即可开始安装。

10）等待 15min 左右，在弹出的对话框中单击"重新启动"按钮，重启计算机。

11）在计算机关机重启时拔出 U 盘。

6. 启动 Ubuntu 操作系统

1）开机时持续按打开启动菜单栏的按键（BIOS 启动键），选择"Ubuntu"，按"Enter"键，进入 Ubuntu 操作系统的引导界面，选择"Ubuntu"进入系统，如图 3-25 所示。

2）可以调整系统启动顺序，将 Ubuntu 操作系统置于 Windows 操作系统前，这样可以在下次启动时选择 Ubuntu 操作系统的启动界面，如图 3-26 所示。在这种情况下，Ubuntu 操作系统和 Windows 操作系统的启动入口在同一界面。

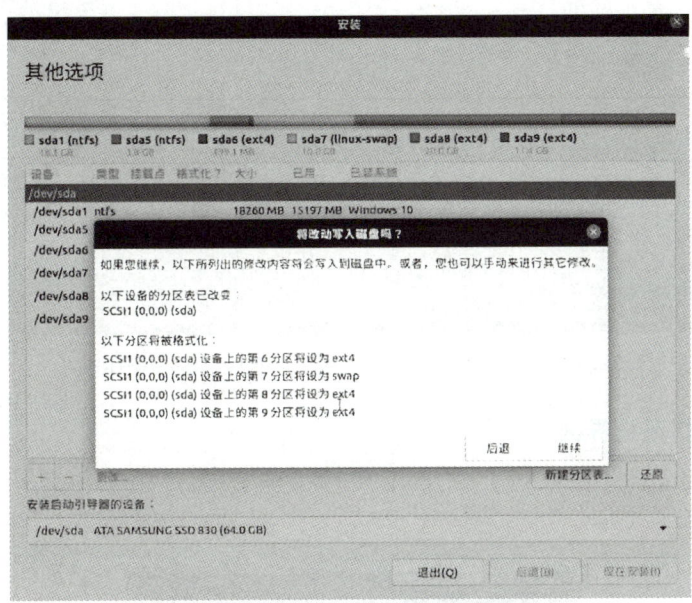

图 3-24　选择 /boot 分区所在位置

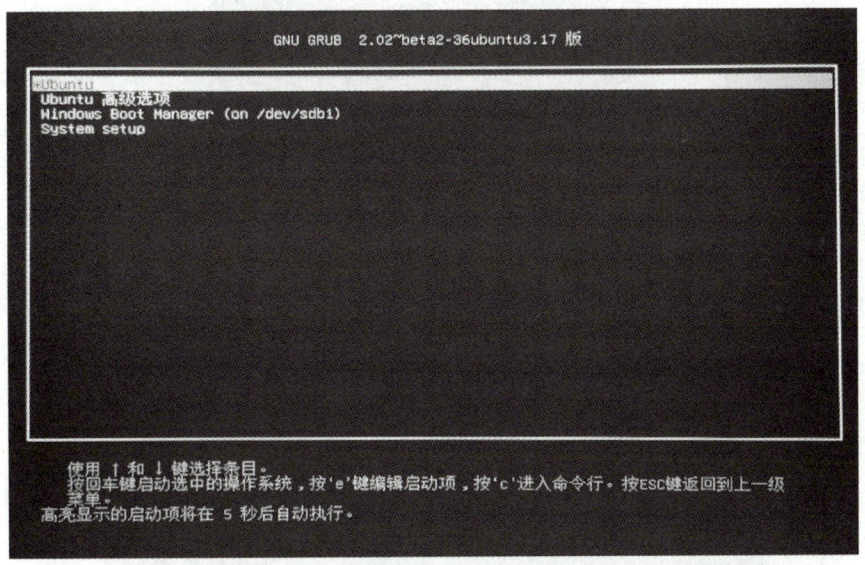

图 3-25　选择"Ubuntu"进入系统

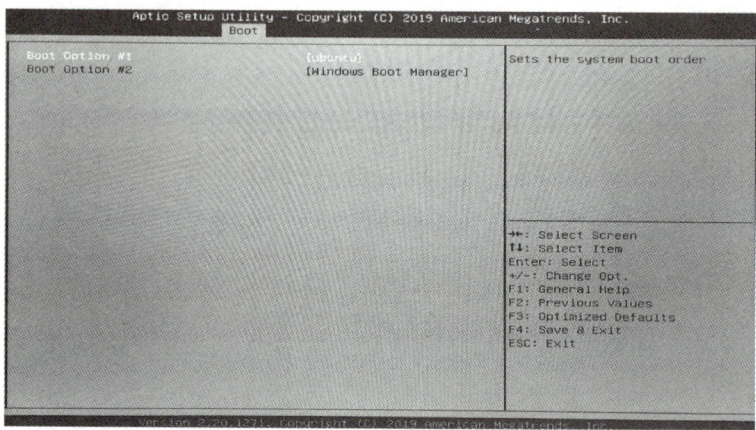

图 3-26　设置 Ubuntu 操作系统优先于 Windows 操作系统

7. Ubuntu 操作系统界面

每次使用 Ubuntu 操作系统，需要用户输入自己设置的密码才可进入，如图 3-27 所示。

图 3-27　"Ubuntu"登录界面

输入用户所设置的密码后，就会进入 Ubuntu 操作系统，20.04 版本的 Ubuntu 操作系统的初始化界面是一只紫色的豹子，如图 3-28 所示。

图 3-28　"Ubuntu"界面

3.4.2　ROS 安装

ROS 于 2007 年在斯坦福大学人工智能实验室开发，至今共发行了 13 个版本，现阶段常用的 ROS 是 ROS Melodic Morenia 和 ROS Noetic Ninjemys。

ROS 是一个适用于机器人开发的操作系统，所有的工程都可以被 ROS 的基础工具整合在一起。ROS 提供了操作系统应有的服务，包括硬件抽象、底层设备控制、常用函数的实现、进程间消息传递以及包管理。ROS 也提供用于获取、编译、编写和跨计算机运行代码所需的工具和库函数。ROS 也支持一种类似于代码储存库的联合系统，该系统可以实现工程的协作及发布。该设计可以使一个工程的开发和实现从文件系统到用户接口完全独立决策，而不受 ROS 的限制。同时，在某些方面，ROS 相当于一种"机器人框架"（Robot Framework），类似的机器人框架还有 Player、YARP、Orocos、CARMEN、Orca、MOOS 和 Microsoft Robotics Studio。

ROS 的设计者将 ROS 表述为"ROS=Plumbing+Tools+Capabilities+Ecosystem"，即 ROS 是通信机制、工具软件包、机器人高层技能以及机器人生态系统的集合体。ROS 的首要目标是提供一套统一的开源程序框架，用以在多样化的现实世界与仿真环境中实现对机器人的控制。

ROS 开发的初衷就是避免开发者产生"重复造轮子"的现象，目前 ROS 已经是一个较为成熟的机器人框架，开发者只需基于 ROS 已有的基础功能，即可进行机器人的开发和改进。目前 ROS 已经集成了机器人导航、建图、图像识别、语音识别等功能包；同时，ROS 包含诸多可视化工具，如 rviz、rqt 等，可以帮助开发者更好地进行机器人调试。

为了支持分享和协作，ROS 框架还有如下目标。

1）小型化：ROS 尽可能设计得很小，所以为 ROS 编写的代码可以轻松地在其他机器人软件平台上使用。例如，ROS 已经可以与 OpenRAVE、Orocos 和 Player 进行集成。

2）ROS 对库函数不敏感：ROS 的首选开发模型都用不依赖 ROS 的库函数编写而成。

3）语言独立：ROS 框架可以简单地使用任何现代编程语言实现，目前已经实现了 Python 版本、C++ 版本和 Lisp 版本，同时也拥有 Java 和 Lua 版本的实验库。

4）方便测试：ROS 内建了一个名为 rostest 的单元/集成测试框架，可以轻松安装或卸载测试模块。

5）可扩展：ROS 可以适用于复杂系统和大型开发环境。

ROS 的发行版本（ROS Distribution）指 ROS 软件包的版本，与 Linux 的发行版本（如 Ubuntu）的概念类似。推出 ROS 发行版本的目的在于使开发人员可以使用相对稳定的代码库，直到其准备好将所有内容进行版本升级为止。因此，每个发行版本推出后，ROS 开发者通常仅对这一版本的 bug 进行修复，同时提供少量针对核心软件包的改进。截至 2025 年，ROS 的主要发行版本的版本名称、发布日期与版本生命周期如表 3-1 所示。

表 3-1　ROS 的主要发行版本

版本名称	发布日期	版本生命周期	操作系统平台
ROS Jazzy Jalisco	2024 年	2029 年	Ubuntu 24.04
ROS Humble Hawksbill	2022 年	2027 年	Ubuntu 22.04

(续)

版本名称	发布日期	版本生命周期	操作系统平台
ROS Noetic Ninjemys	2020 年	2025 年	Ubuntu 20.04
ROS Melodic Morenia	2018 年	2023 年	Ubuntu 17.10、Ubuntu 18.04、Debian 9、Windows 10

ROS 的大部分版本只能在基于 Linux 内核等开源操作系统下进行安装，而 Windows 操作系统为非开源操作系统，目前只能安装 ROS 1 与 ROS 2，所以为方便之后的开发，一般采用基于 Debian GNU/Linux 的 Ubuntu 操作系统进行安装。现阶段常采用 Ubuntu 20.04+ROS Noetic Ninjemys 的安装组合。

ROS 操作系统安装步骤：

1）安装 ROS 应用商店。打开一个终端输入 sudo sh-c 'echo "deb http://packages.ros.org/ros/ubuntu $（lsb_release-sc）main">/etc/apt/sources.list.d/ros-latest.list'。

2）安装 curl 工具。在终端中输入 "sudo apt install curl" 命令。

3）获取安装密钥。在终端中输入 "curl-s https://raw.githubusercontent.com/ros/rosdistro/master/ros.asc | sudo apt-key add-" 命令，看到终端中显示 "OK" 即可，如图 3-29 所示。

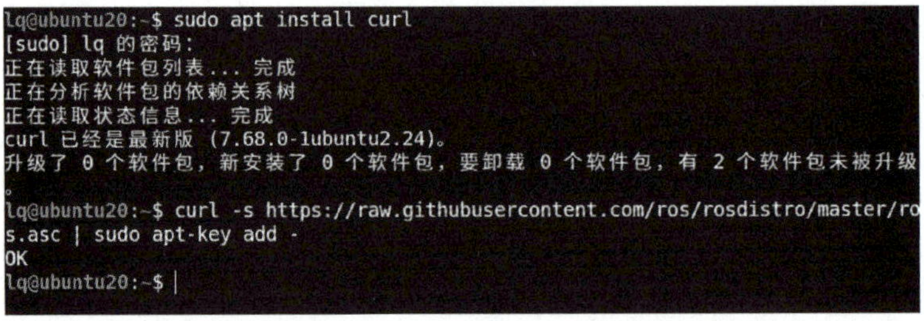

图 3-29　密钥获取成功

4）更新索引列表。在终端中输入 sudo apt update，更新成功如图 3-30 所示。

图 3-30　更新成功

5）安装 ROS 的 Noetic 版本。在终端中输入 sudo apt install ros-noetic-desktop-full，ROS 主体安装成功，如图 3-31 所示。

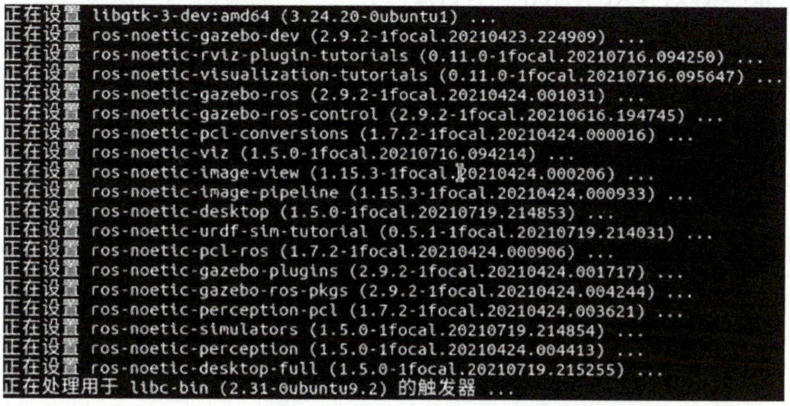

图 3-31 ROS 主体安装成功

6）环境参数设置。在终端中输入 echo "source/opt/ros/noetic/setup.bash">> ~ /.bashrc 的目的是将 ROS 的环境设置脚本添加到终端程序的初始化脚本里，再输入 source ~ /.bashrc 即可，最后在终端中运行 roscore 可以查看 ROS 的版本信息。

7）初始化 ROS 的依赖包。打开一个新终端输入 sudo apt install python3-rosdep python3-rosinstall python3-rosinstall-generator python3-wstool build-essential，在这个终端下依次执行 sudo rosdep init 和 rosdep update。

3.4.3　ROS 常用命令

1. rospack

rospack 允许用户获取软件包的有关信息。本书中只涉及 find 参数选项，该选项可以返回软件包的所在路径。

用法：$ rospack find [package_name]

示例：$ rospack find roscpp

输出：/opt/ros/<distro>/share/roscpp

2. roscd

roscd 是 rosbash 命令集的一部分，它允许直接切换目录（cd）到某个软件包或者软件包集中。

用法：$ roscd [locationname[/subdir]]

示例：$ roscd roscpp

3. pwd

使用 pwd 命令输出工作目录。

用法：$ pwd

输出：YOUR_INSTALL_PATH/share/roscpp

其中，YOUR_INSTALL_PATH/share/roscpp 和使用 rospack find 输出的路径一样。

注意：与 ROS 中的其他工具一样，roscd 只能切换到那些路径已经包含在 ROS_PACKAGE_PATH 环境变量中的软件包。要查看 ROS_PACKAGE_PATH 中包含的路径，可以输入：$ echo $ROS_PACKAGE_PATH。

ROS_PACKAGE_PATH 环境变量应该包含那些保存有 ROS 软件包的路径，并且每个路径之间用冒号（:）分隔。一个典型的 ROS_PACKAGE_PATH 环境变量为：/opt/ros/<distro>/base/install/share。

与其他环境变量路径类似，用户可以在 ROS_PACKAGE_PATH 中添加更多的目录，每条路径之间使用冒号（:）分隔。

roscd 命令也可以切换到一个软件包或软件包集的子目录中。

执行：

```
$ roscd roscpp/cmake
$ pwd
```

应该会看到：YOUR_INSTALL_PATH/share/roscpp/cmake

4. roscd log

使用 roscd log 命令，可以进入存储 ROS 日志文件的目录。需要注意的是，如果没有执行过任何 ROS 程序，系统会报错，提示该目录不存在。如果已经运行过 ROS 程序，那么可以尝试执行：$ roscd log。

5. rosls

rosls 是 rosbash 命令集的一部分，它允许直接按软件包的名称执行 ls 命令，而不必输入绝对路径。

用法：$ rosls [locationname[/subdir]]

示例：$ rosls roscpp_tutorials

输出：cmake launch package.xml srv

6. Tab

Tab 可以减少输入完整软件包名称这样的烦琐过程。例如，roscpp tutorials 名称较长，而一些 ROS 工具支持 Tab 补全功能，尝试输入：$ roscd roscpp_tut<<< 按 Tab 键 >>>。

按"Tab"键，命令行应该会自动补充剩余部分：$ roscd roscpp_tutorials/，这是因为 roscpp_tutorials 是目前唯一一个名称以 roscpp_tut 开头的 ROS 软件包。

如果要查看当前安装的所有软件包的列表，可以利用 Tab 键补全：$ rosls <<< 双击 Tab 键 >>>。

3.4.4 ROS 基础实验

安装好 ROS 框架后，即可通过小乌龟实验来验证 ROS 是否安装完成；同时，通过小乌龟实验，可以帮助读者更直观地熟悉 ROS 的相关操作命令。

（1）实验内容 启动 ROS 节点管理器，开启 3 个新的终端，分别用于新建一个小乌龟节点、新建一个小乌龟运动控制器，以及使用 ROS 的基础命令对小乌龟节点进行信息查询和动作控制。

（2）实验过程

1）打开第 1 个终端，输入“roscore”命令，启动 ROS 节点管理器，如图 3-32 所示。

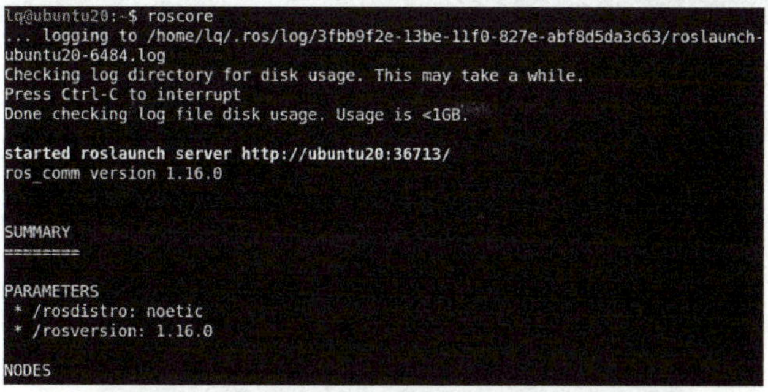

```
lq@ubuntu20:~$ roscore
... logging to /home/lq/.ros/log/3fbb9f2e-13be-11f0-827e-abf8d5da3c63/roslaunch-ubuntu20-6484.log
Checking log directory for disk usage. This may take a while.
Press Ctrl-C to interrupt
Done checking log file disk usage. Usage is <1GB.

started roslaunch server http://ubuntu20:36713/
ros_comm version 1.16.0


SUMMARY
========

PARAMETERS
 * /rosdistro: noetic
 * /rosversion: 1.16.0

NODES
```

图 3-32　启动 ROS 节点管理器

2）保持步骤 1）中的节点管理器处于运行状态，打开第 2 个终端，输入“rosrun turtlesim turtlesim_node”命令，开启小乌龟节点，如图 3-33 所示。此时会生成一个小乌龟图形界面，如图 3-34 所示。

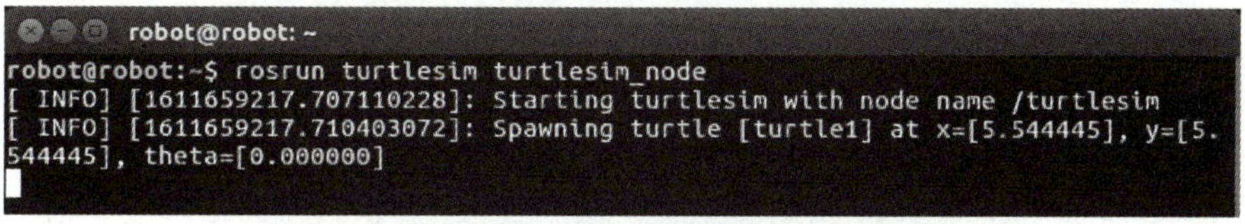

```
robot@robot: ~
robot@robot:~$ rosrun turtlesim turtlesim_node
[ INFO] [1611659217.707110228]: Starting turtlesim with node name /turtlesim
[ INFO] [1611659217.710403072]: Spawning turtle [turtle1] at x=[5.544445], y=[5.544445], theta=[0.000000]
```

图 3-33　开启小乌龟节点

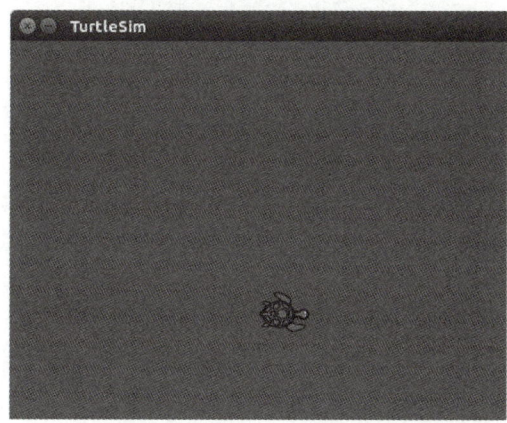

图 3-34　小乌龟图形界面

3）打开第 3 个终端，输入“rosrun turtlesim turtle_teleop_key”命令，开启小乌龟控制节点，如图 3-35 所示。开启后，通过键盘的上下左右键即可控制小乌龟运动，如图 3-36 所示。

图 3-35 小乌龟控制节点

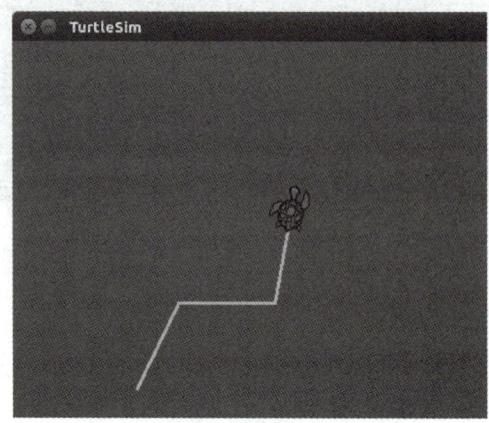

图 3-36 通过键盘控制小乌龟运动

第 4 章

激光雷达 SLAM

激光雷达可以通过测量距离，获取物体的空间位置和形状信息，构建高精地图并进行精确定位，长时间运行也能保持稳定性和可靠性，被广泛应用于导航、三维重建和自动驾驶。本章将对激光雷达 SLAM 总体框架进行介绍，详细阐述前端、回环检测和地图构建模块的作用并总结所使用的算法。对具有代表性的开源算法进行描述和梳理归纳，并介绍精度评价指标。

4.1 激光雷达 SLAM 概述

图 4-1 所示为激光雷达 SLAM 的系统框架。激光雷达 SLAM 一般采用数据采集传感器，在前端需要开展点云配准，常见的点云配准算法有基于点云数据的 ICP（Iterative Closest Point，迭代最近点）算法、基于数据特征的 NDT（Normal Distribution Transform，正态分布变换）算法和基于深度学习的算法。通过点云配准即可实现移动机器人的位姿估计。在后端优化部分，为保持多帧点云间的一致性，需要采用滤波算法或者图优化方式对位姿进行矫正，并基于回环检测算法消除移动机器人在大环境、长时间运行下的累计误差，提高定位和建图精度。地图一般有 2D 和 3D 两种形式，2D 地图常用于机器人的平面运动，而 3D 地图常用于机器人在三维空间中的运动。地图的输出格式通常为点云地图或者语义地图。

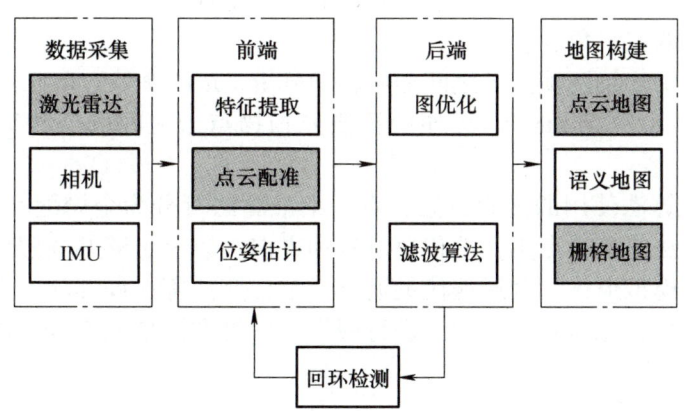

图 4-1 激光雷达 SLAM 的系统框架

4.2 前端

在机器人移动过程中，主要通过定义初始位姿以及利用相对位姿推估来进行定位。激光里程计通过点云匹配方式进行两帧点云的位姿转换，进而得出机器人在采集两帧点云时间内的位姿变换矩阵。

定义 4-1 点云。点云为集合 $P=\{p_i \in \mathbb{R}^3 | i=1,2,\cdots,n\}$，其中 p_i 由 3 个坐标分量组成，即 $p_i=\{p_i^x, p_i^y, p_i^z\}$，$p_i^x$、$p_i^y$、$p_i^z$ 为点 p_i 在空间中的三维坐标。

定义 4-2 位姿变换参数 ε。位姿变换参数 ε 是指在三维空间中对位姿变换的编码，它由 3 个平移量和 3 个旋转量组成，公式如下：

$$\varepsilon = [t_x, t_y, t_z, \phi, \theta, \psi] \tag{4-1}$$

式中，t_x、t_y、t_z 分别为 x、y、z 轴方向的平移量；角度 ϕ、θ、ψ 分别为绕 x、y、z 轴旋转的角度。

定义 4-3 变换函数 Trans( )。Trans( ) 是针对刚体点云帧间变换的变换函数，其输入为位姿变换参数 ε 与原始坐标 p，公式如下：

$$\text{Trans}(\varepsilon, p) = \begin{bmatrix} R_\phi & R_\theta & R_\psi \end{bmatrix} p + \begin{bmatrix} t_x \\ t_y \\ t_z \end{bmatrix} \tag{4-2}$$

式中，R_ϕ 为绕 x 轴以角度 ϕ 旋转时的旋转矩阵；R_θ 为绕 y 轴以角度 θ 旋转时的旋转矩阵；R_ψ 为绕 z 轴以角度 ψ 旋转时的旋转矩阵；T 为两个坐标系原点之间的平移向量 $T=[t_x, t_y, t_z]^T$。

定义 4-4 扫描帧与参考帧。本书中将待配准的当前点云数据定义为扫描帧，将已完成配准的点云数据定义为参考帧。

定义 4-5 位姿变量 X。位姿变量 X 是描述坐标系下载体的位姿信息，它由 3 个坐标与 3 个角度组成，公式如下：

$$X = [x, y, z, \alpha, \beta, \gamma] \tag{4-3}$$

式中，x、y、z 分别为载体坐标系原点在空间中三维坐标；α、β、γ 分别为载体坐标系相对空间坐标系各轴的偏转角度。

位姿估计就是求连续两帧点云之间的旋转矩阵 R（$R \in \mathbb{R}^{3 \times 3}$）和平移向量 t（$t \in \mathbb{R}^3$）。通过式（4-2）变换函数 Trans( )，可使两幅激光扫描点云之间的公共部分达到最大限度重合。

根据刚体配准算法使用的搜索方法，点云配准算法可分为全局配准和局部配准两类。其中，全局配准方法依赖于点集间的相对位置和方向，以及足够好的假设初值，常见方法包括粒子群算法、模拟退火、全局迭代最近点云最优算法等；局部配准方法通常基于唯一匹配的局部几何特征，无需对初始状态进行假设，常见方法如 ICP 与 NDT。

4.2.1 ICP 点云匹配算法

ICP 是目前广泛用于移动机器人的一种点云匹配算法，自提出以来已衍生出众多改进算法。ICP 的主要思想为最小化当前扫描帧点云 P 和参考帧点云 Q 中对应点的平方距离之和，迭代细化两次重叠扫描的相对位姿，得出最优解 R 和 t，直至误差函数 E 最小，其中误差函数计算公式如下：

$$E(R,t) = \frac{1}{n}\sum_{i=1}^{n}\|q_i - (Rp_i + t)\|^2 \qquad (4\text{-}4)$$

式中，n 为最邻近点对数量；p_i 为目标点云 P 中某一点，$i=1,2,\cdots,n$；q_i 为原始点云 Q 中与之对应的最近相邻点；R、t 分别为两组点云的旋转量与平移量。

ICP 算法的实现步骤如下：
1）在扫描帧点云中任意挑选一点 p_i。
2）确定参考帧中的对应点 q_i，使得 $\|q_i - p_i\|$ 最小化。对于当前扫描中的每个点，选择的对应点是其在参考扫描中通过欧氏距离计算的最近邻点。
3）求解出使得误差函数 $E(R,t)$ 最小化的旋转量 R 与平移量 t。
4）将第 3）步得出的旋转量与平移量应用于所有 p_i，输出变换过后的新点集 P'：

$$P' = \{p_i' = Rp_i + t, p_i \in P\} \qquad (4\text{-}5)$$

5）计算 p_i' 与对应点集合 q_i 平均距离 d：

$$d = \frac{1}{n}\sum_{i=1}^{n}\|p_i' - q_i\|^2 \qquad (4\text{-}6)$$

6）判断平均距离 d 是否达到设定阈值。若平均距离 d 达到阈值，则判定匹配足够准确，配准完成；反之返回第 2）步，直到平均距离达到阈值。

ICP 算法具有原理、实现过程简单等优点，且不需要对原始点云进行点云分割与特征提取。在具有良好初值的情况下，ICP 算法表现出优异的精度与收敛性。

4.2.2　NDT 点云匹配算法

NDT 点云匹配算法是一种基于可唯一匹配的局部几何特征的算法，该算法的关键是对参考扫描帧的表示，不同于直接将当前扫描帧与参考帧点云匹配，是通过正态分布的线性组合模拟在特定位置找到表面点的可能性。

NDT 作为一种点云配准算法，主要步骤如下：首先，将点云的分布划分为体素栅格；其次，栅格内的点云映射到平滑表面且被描述成一组高斯分布，将栅格内局部高斯分布的点云均值向量 $\boldsymbol{u}$、协方差矩阵 $\boldsymbol{\Sigma}$ 作为栅格内点云分布情况的特征；最后，根据栅格单元内的点云分布计算每个单元的概率密度函数（Probability Density Function，PDF），每个栅格中的概率密度函数可以描述为栅格中点 x_i 的生成过程，即 x_i 点的坐标通过该高斯分布绘制生成。

为了清楚描述 NDT 算法的原理，首先给出相应的变量定义。

定义 4-6　点云均值向量。点云均值向量 $\boldsymbol{u}$ 表示参考帧一体素栅格内点云坐标的均值，代表点云分布的重心，公式如下：

$$\boldsymbol{u} = \frac{1}{m}\sum_{i=1}^{m} y_i \qquad (4\text{-}7)$$

式中，$y_i(i=1,\cdots,m)$ 为参考帧中某个包含了 m 个点的栅格内点的坐标。

定义 4-7 协方差矩阵。协方差矩阵 $\boldsymbol{\Sigma}$ 表示体素栅格内点云的分布情况，它的特征值与特征向量体现了分布的朝向与平整度，公式如下：

$$\boldsymbol{\Sigma} = \frac{1}{m-1}\sum_{i=1}^{m}(y_i-\boldsymbol{u})(y_i-\boldsymbol{u})^{\mathrm{T}} \tag{4-8}$$

定义 4-8 点云概率密度函数。点云概率密度函数可表示栅格空间内某一点 p_i 存在激光点的概率，概率值越大，则代表此点附近范围激光点云分布越密集，公式如下：

$$p(p_i) = \frac{1}{(2\pi)^{3/2}\sqrt{|\boldsymbol{\Sigma}|}} \exp\left[-\frac{(p_i-\boldsymbol{u})^{\mathrm{T}}\boldsymbol{\Sigma}^{-1}(p_i-\boldsymbol{u})}{2}\right] \tag{4-9}$$

NDT 算法利用参考帧点云生成具有多维变量的正态分布。对于给定的参考帧与扫描帧，使用 NDT 算法进行两帧间位姿变换参数求解，其基本步骤如下。

1）将参考帧空间划分为指定大小的体素栅格，同时进行每个栅格点云均值向量 $\boldsymbol{u}$、协方差矩阵 $\boldsymbol{\Sigma}$ 的计算。

2）初始化位姿变换参数 $\boldsymbol{\varepsilon}_0=[t_x,t_y,t_z,\phi,\theta,\psi]$，可使用机器人里程计数据或者赋零值。

3）对于扫描帧，通过式（4-2）变换函数 Trans（）与第 2）步初始化位姿变换参数 $\boldsymbol{\varepsilon}_0$，将其进行转换。

4）通过第 1）步得出的 $\boldsymbol{u}$、$\boldsymbol{\Sigma}$，并结合式（4-9）计算所有被转换的点的概率密度。

5）由第 4）步得出每个栅格的概率密度，利用下式计算 NDT 配准得分：

$$\boldsymbol{\Phi}(\boldsymbol{\varepsilon}_0) = \sum_{j}\exp\left[-\frac{(p'_j-u_j)^{\mathrm{T}}\boldsymbol{\Sigma}^{-1}(p'_j-u_j)}{2}\right] \tag{4-10}$$

式中，p' 为参考帧点云中任意点的坐标；j 为第 j 个栅格。

利用牛顿优化算法对得分函数 $\boldsymbol{\Phi}()$ 进行优化，计算得分函数的 Hessian 矩阵和梯度。通过计算对位姿变换参数 $\boldsymbol{\varepsilon}_0$ 的二阶导数向量重新确定位姿变换参数 $\boldsymbol{\varepsilon}$，判断此位姿变换参数对应的得分函数是否达到阈值。若其达到阈值则输出位姿变换参数结果；反之返回第 3）步重新计算，直到达到阈值。

从以上步骤可以看出，NDT 点云配准问题是一个确定最优位姿变换参数 $\boldsymbol{\varepsilon}$ 的优化问题，通过不断迭代获得最大概率值。当迭代后的位姿变换参数 $\boldsymbol{\varepsilon}$ 使扫描帧在参考帧中达到一定占有概率时，点云重合程度达到阈值，完成两帧点云配准步骤。图 4-2 是 NDT 算法将两帧点云进行配准的效果。

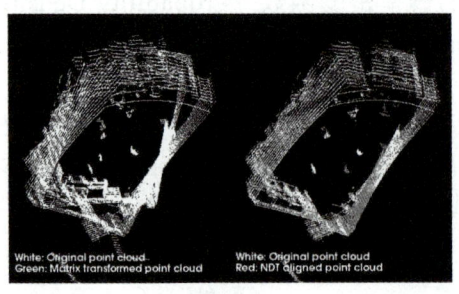

图 4-2　NDT 算法将两帧点云进行配准的效果

4.3 回环检测

移动机器人在长期的运行过程中，很容易出现严重的累计误差，使得所构建的地图与真实情况差距甚大。SLAM 系统后端优化的回环检测系统可以很好地消除建图中的累计误差。通过回环检测可增加载体各位姿间的约束关系，以消除里程计所带来的累计误差，使输出的位姿和得到的地图更加精准。图 4-3 所示为回环检测效果。当移动机器人运动到之前访问过的地方时，如果将其检测出来，就会使系统增加一个约束以减小累积误差，从而得到更精确的轨迹和全局一致的地图。

 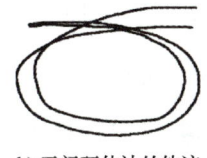 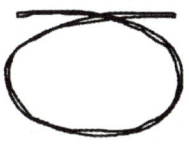

a) 真实轨迹　　　　　b) 无闭环估计的轨迹　　　　　c) 有闭环估计的轨迹

图 4-3　回环检测效果

目前的回环检测方法可分为两大类：基于局部描述子和基于全局描述子。局部描述子是从点云中提取局部特征而构建的描述子，其通过对特定的特征设定相应的编码，再通过绘制直方图描述特征的分布情况。全局描述子不同于局部描述子，其主要关注的是数据中的全局特征。通过识别、提取、编码点云数据中的全局特征，可以得到对整体环境描述更完整的全局描述子。全局描述子在回环检测算法中的表现更好。本节主要介绍 Intensity Scan Context 全局描述子构建算法。Intensity Scan Context 描述子算法可以有效地将物体几何和强度特征整合到全局描述符中。

LiDAR 通过发射和接收激光束来感知环境。通常，距离值通过行进时间来测量，而表面反射率可以通过返回的能级即强度来估计。强度大小揭示了周围表面的反射结构。不同物体的返回强度读数会有所不同，如金属板等反光材料通常返回高值，而混凝土返回低值。图 4-4 中有 3 个地标，包括汽车、路标和建筑物，用矩形框突出显示它们。可以观察到，道路标志具有高度可区分性，能量损失低；而建筑结构（混凝土）返回中等强度。

a) 路口的强度扫描读数　　　　　　　　　　b) 相机视角

图 4-4　点云数据的强度信息示例

定义 LiDAR 扫描点云空间 $P = \{p_1, p_2, \cdots, p_n\}$，$n$ 为点云数量。其中的每个点定义为 $\boldsymbol{p}_k = [x_k, y_k, z_k, \eta_k]$，其包含强度读数 η_k 和点云空间位置为 (x_k, y_k, z_k)。在局部笛卡儿坐标中，每个点 p_k 都可以转换为极坐标 p'_k，但只能在 x–y 平面上，所以

$$p'_k = [\rho_k, \theta_k, \eta_k] \tag{4-11}$$

$$\rho_k = \sqrt{(x_k)^2 + (y_k)^2} \tag{4-12}$$

$$\theta_k = \arctan \frac{y_k}{x_k} \tag{4-13}$$

另外，极坐标在方位角和径向方向上以等距方式将点云划分为 N_s 个扇区（sector）和 N_r 个环（ring）。由此点云变为 $N_s \times N_r$ 个子空间，每个子空间由 S_{ij} 表示。

由于每个子空间远小于整个点云，可以假设强度读数变化不大。因此，对于每个子空间 S_{ij}，其强度由最高强度值 $\eta_{ij} = \max\limits_{p_k \in S_{ij}} \eta_k$ 表示。由此可得到点云的全局特征 Ω，即

$$\Omega(i, j) = \eta_{ij} \tag{4-14}$$

全局特征 Ω 是一个二维矩阵，它揭示了环境的几何形状和强度分布。从 KITTI 数据集中选择了一个点云扫描帧，如图 4-5 所示，图 a 是自上而下的点云，图 b 是所构建的 Intensity Scan Context 算法描述子。

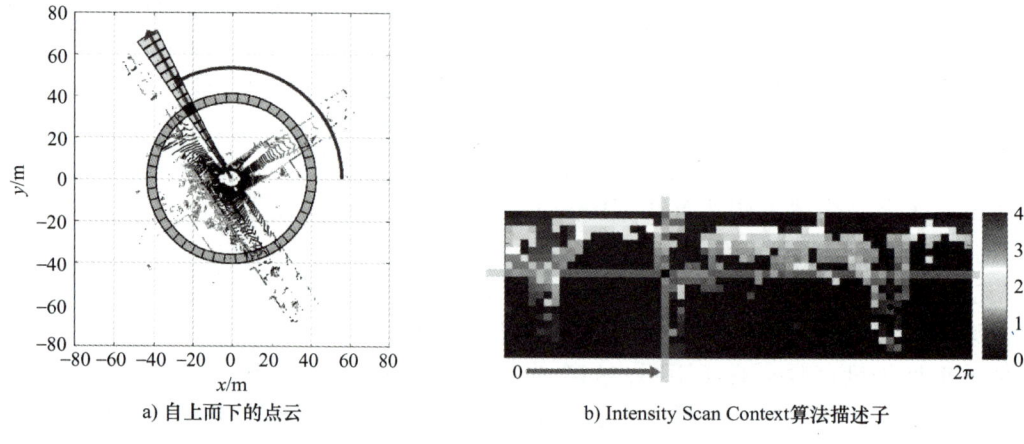

a) 自上而下的点云　　　　b) Intensity Scan Context算法描述子

图 4-5　点云扫描帧

4.4　地图构建

图 4-6 所示为地图构建系统框架原理。地图构建系统的输入为激光雷达的原始点云数据与 IMU 惯性传感器的高频数据。在回环检测模块，基于 4.3 节介绍的 Intensity Scan Context 算法，构建 Intensity Scan Context 描述子，并与描述子的快速匹配和一致性验证集成在一起，以实现高效和精准的回环检测算法。在后端优化模块，不断更新因子图，利用图优化的方式对位姿进行优化更新，得到高精度地图。

1. 基于两阶段分层匹配方法

使用基于两阶段分层匹配方法，可以实现当前帧描述子与各历史帧描述子的匹配与相似度计算。该方法包括基于二元运算的快速几何结构匹配和强度结构匹配两个阶段。

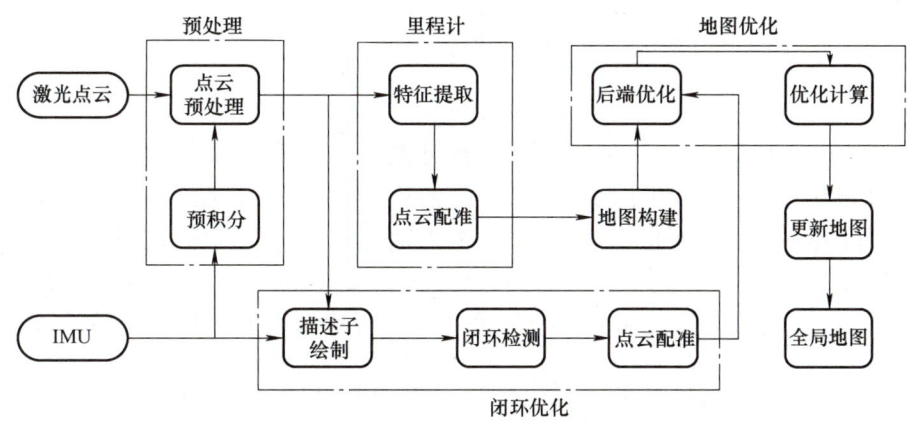

图 4-6 地图构建系统框架原理

(1) 快速几何结构匹配　第一阶段为基于二元运算的快速几何结构匹配。与传统直方图之间的匹配相比，二元运算的速度要快得多。因此，几何结构匹配时将全局描述子 Ω 中的几何分布用二进制矩阵 $I(x,y)$ 进行表示，转换过程如下：

$$I(x,y) = \begin{cases} 0 & \Omega(x,y)=0 \\ 1 & 其他 \end{cases} \quad (4\text{-}15)$$

对于当前帧的描述子 Ω^q、历史候选帧的描述子 Ω^c，其转换后的二进制矩阵为 I^q、I^c。因此，两帧间的几何相似度得分 φ_g 可由下式得到：

$$\varphi_g(I^q, I^c) = \frac{\text{XOR}(I^q, I^c)}{|I^q|} \quad (4\text{-}16)$$

式中，$\text{XOR}(I^q, I^c)$ 为矩阵 I^q 和 I^c 之间的各元素进行异或运算；$|I^q|$ 为矩阵 I^q 中的元素个数。

式 (4-19) 中，φ_g 的值域范围为 [0,1]。因本节算法的描述子具有旋转不变性，故不需要对描述子转换的二进制矩阵进行列位移以寻找最佳匹配。

(2) 强度结构匹配　第二阶段为强度结构匹配。通过逐列对比描述子 Ω^q 和 Ω^c 之间的强度相似度，并用计算余弦相似度来代表强度相似度得 φ_i，其范围在 [0,1]，如下：

$$\varphi_i(\Omega^q, \Omega^c) = \frac{1}{N_s} \sum_{i=0}^{N_s-1} \left(\frac{v_i^q v_i^c}{\|v_i^q\| \|v_i^c\|} \right) \quad (4\text{-}17)$$

式中，v_i^q、v_i^c 分别为 Ω^q、Ω^c 的第 i 列。

与几何匹配类似，因本节算法的描述子具有旋转不变性，故不需要对描述子进行列位移以寻找最佳匹配。对于不匹配条件的历史帧，则可以通过设置阈值来滤除。

2. 一致性验证

在回环完成之前，对回环检测结果进行空间结构、相邻时间和几何一致性验证。

(1) 空间结构一致性验证　在 SLAM 系统中，回环的发生意味着载体回到了曾经的位置，即点云数据中的静态目标及其相对位置关系不变。本节通过对比检测到回环的两帧点云数据中显著目标的相对距离的差值是否达到阈值来验证空间结构一致性，公式如下：

$$L = \sqrt{(x_1 - x_2)^2 + (y_1 - y_2)^2 + (z_1 - z_2)^2} \tag{4-18}$$

$$d = L_m - L_n \tag{4-19}$$

式中，(x_1, y_1, z_1)、(x_2, y_2, z_2) 分别为点云数据分割对象中两个显著的质心坐标；L_m、L_n 分别为回环检测中当前帧和历史帧中显著目标的相对距离；d 为相对距离的差值。

（2）相邻时间一致性验证　　在两帧点云被识别为回环时，意味着其相邻的激光雷达扫描帧同样具有较高相似度。因此，本节通过验证相邻时间的一致性来验证回环，定义时间一致性得分为 Q，其计算公式如下，则可通过 Q 是否达到阈值来验证相邻时间一致性。

$$Q(Q_m, Q_n) = \frac{1}{N} \sum_{k=1}^{N} [\varphi_g(I_{m-k}, I_{n-k}) + \varphi_i(\Omega_{m-k}, \Omega_{n-k})] \tag{4-20}$$

式中，N 为相邻时间一致性验证的帧数；Q_m、Q_n 为当前帧与历史帧的时间一致性得分。

（3）几何一致性验证　　几何一致性验证是对比当前帧与匹配帧的点云相似度。本节应用 ICP 算法来查询当前帧与匹配帧之间的最小距离误差是否小于阈值。

当回环检测模块检测出真实回环后，将应用 G2O（General Graph Optimization，通用图优化）算法通过更新位姿图来进行优化。设每帧点云对应的位姿为 $\{T_0, T_1, T_2, \cdots, T_n\}$，$Z_{ij}$ 为第 i 帧与第 j 帧的相对位姿，则第 i 帧与第 j 帧之间的损失函数为

$$e_{i,j} = Z_{ij}^{-1}(T_i^{-1} T_j) \tag{4-21}$$

通过后端优化后，系统会输出每帧点云更为准确的位姿，以构建高精度的点云全局地图。图 4-7 所示为通过回环检测算法后所构建的点云地图。

图 4-7　点云地图

4.5　SLAM 数据集

SLAM 相关问题的研究在很大程度上依赖于公开可用的数据集。一方面，SLAM 相关问题的具体实验涉及相当昂贵的硬件和复杂的程序，必须使用移动平台（如轮式机器人）、传感器（如激光雷达和数码相机）和地面实况仪器 [如实时运动学（Real-Time Kinematic，RTK）校正的全球导航卫星系统（Global Navigation Satellite System，GNSS）和一套动作捕捉系统]，这对个体研究人员来说是巨大的经济负担。如果需要多传感器数据（在大多数情况下是这样），则必须在数据收集之前执行时间和空间校准。总体来说，几乎不可能以现场实验的方式验证每个算法。另一方面，数据集可以为算法评估和比较提供公平的基准。通过评估相同的数据集，世界各地的研究人员能够横向比较他们的算法。逐渐地，公共数据集已成为当今论文发表的基本依据。下面介绍几种 SLAM 算法验证的常用数据集。

1. EuRoC MAV 数据集

EuRoC MAV 数据集是在欧洲机器人挑战赛（EuRoC）上公布的。该数据集自 2016

年发布以来，经过众多团队的测试和大量文献的引用，成为 SLAM 范围内使用极为广泛的数据集之一。其使用微型无人机 MAV 收集数据集，逻辑上设计用于提供从慢速到高速的六自由度运动；配备了两个灰度相机和一个 IMU，并具有严格的时空对齐，因此非常适合视觉算法验证。EuRoC MAV 数据集被记录为 3 个难度级别：简单、中等和困难。其下载链接为 https://projects.asl.ethz.ch/datasets/doku.php?id=kmavvisualinertialdatasets#the_euroc_mav_dataset。

2. TUM MonoVO 数据集

TUM MonoVO 数据集于 2016 年发布，专门用于测试 SLAM 在长时间工作下的定位和建图精度。TUM MonoVO 数据集是通过手持相机收集的，这使得运动模式具有挑战性。TUM MonoVO 数据集使用了两个灰度相机，但只是用广角和窄角镜头，而不是形成立体对，因此只能用于单目算法验证。这些相机具有高达 60Hz 的帧速率，远远高于正常水平，可以在设计算法时处理快速和不流畅的运动。所有图像都经过光度校准。该数据集提供了从室内到室外的各种场景中的 50 个序列。其中，室内场景主要记录在一栋教学楼内，涵盖办公室、走廊、大厅等；室外场景主要记录在校园区域，包括建筑、广场、停车场等。许多序列具有极长的距离。其下载链接为 https://vision.in.tum.de/data/datasets/rgbd-dataset/download。

3. KITTI 数据集

KITTI 数据集由 Karlsruhe of Technology（KIT）和 Toyota Technological Institute 在 2012 年发布，是 SLAM 领域非常受欢迎的数据集。KITTI 数据集使用了带有双目立体彩色和单色摄像头、激光雷达和 RTK-GPS&INS 设备，支持基于视觉（单目和双目）和 LiDAR 的 SLAM 算法研究。KITTI 数据集是在卡尔斯鲁厄中等城市周围、农村地区和高速公路上收集的。它包含大量原始数据，同时考虑到较长的轨迹、变化的速度和可靠的 GPS 信号，总共选择了 39.2km 的行驶距离，形成了 22 个频繁闭环的序列，非常适合 SLAM 验证目的。其下载链接为 https://www.cvlibs.net/datasets/kitti/eval_object.php?obj_benchmark=2d。

4.6 位姿误差分析

由于早些年大规模测量技术的限制，获得地面实况三维地图相当困难，因此通过检查定位性能来评估 SLAM 相关算法已经有很长一段时间。最广泛使用的评估指标可能是 TUM RGB-D 基准中提出的两个指标——相对位姿误差（Relative Pose Error，RPE）和绝对轨迹误差（Absolute Trajectory Error，ATE）。

1. RPE

RPE 用于衡量估计的相对位姿变换与真实的相对位姿变换之间的误差，适合估计系统的漂移。计算 RPE 的第一步是进行时间戳对齐，接着对每一段时间间隔计算估计值的相对位姿矩阵和对应真实值的相对位姿矩阵，最后使用 RMSE 求平均值，得到 RPE。

RPE 主要计算的是两个相同时间戳上的相机位姿的真实值与 SLAM 系统的估计值之间每隔一段时间位姿变化量之间的差值，能够理解为直接测量里程计的误差。对于 RPE，需要考虑旋转误差和平移误差；对 ATE 来说，则只需要考虑平移误差。因此，RPE 提供了一种可以将旋转误差和平移误差组合成单一度量的方法。但是，旋转误差通常也表现为错误的平移，进而也间接地被 ATE 捕获。第 i 帧的 RPE 定义如下：

$$E_i = (Q_i^{-1}Q_{i+\Delta})^{-1}(P_i^{-1}P_{i+\Delta}) \tag{4-22}$$

已知总数 n 与间隔 Δ 的情况下，可以得到 RPE 的数量 $m=n-\Delta$，利用方均根误差 RMSE 统计得到 RPE：

$$\text{RMSE}(E_{1:n}, \Delta) := \left(\frac{1}{m}\sum \|\text{trans}(E_i)\|^2\right)^{\frac{1}{2}} \tag{4-23}$$

式中，$\text{trans}(E_i)$ 为取 RPE 中的平移部分。

2. ATE

ATE 用于衡量估计的轨迹与真实轨迹之间的误差，可以非常直观地反映算法精度和轨迹全局一致性。首先将估计轨迹与真实轨迹进行时间戳对齐，再计算每个时间步估算的位姿矩阵与真实位姿矩阵之间的欧式距离，最后对所有时间步的 RPE 取方均根误差（Root Mean Square Error，RMSE），得到 ATE。

假设算法的估计位姿为 $P_1,\cdots,P_n$，而真实位姿为 $Q_1,\cdots,Q_n$，下标代表第 i 帧，共计有 n 帧数据。假设两帧之间的时间间隔为 Δ。需要计算从估计位姿到真实位姿的相似转换矩阵 $\boldsymbol{S}$。第 i 帧的 ATE 定义如下：

$$F_i = Q_i^{-1}\boldsymbol{S}P_i \tag{4-24}$$

已知总数 n 与时间间隔 Δ 的情况下，则 RPE 的数量 $m=n-\Delta$，采用方均根误差 RMSE 统计得到 ATE：

$$\text{RMSE}(F_{1:n}, \Delta) := \left(\frac{1}{m}\sum \|\text{trans}(F_i)\|^2\right)^{\frac{1}{2}} \tag{4-25}$$

同样，$\text{trans}(F_i)$ 代表取 ATE 中的平移部分。

4.7 自己动手练之 Gmapping 建图

1. 背景介绍

Gmapping 算法是基于粒子滤波器的激光 SLAM 算法。在移动机器人建图过程中，Gmapping 算法利用粒子滤波器来估计机器人在环境中的位置，并同时构建环境的地图。粒子滤波器是一种基于蒙特卡罗方法的概率滤波器，它通过维护一组粒子（机器人的可能位置）来估计机器人的状态。在机器人移动过程中，Gmapping 算法会根据激光雷达扫描到的环境信息以及机器人的运动信息来更新粒子的权重，从而实现对机器人位置的估计和地图的构建。本节将介绍 Gmapping 算法的实现过程。

2. 环境配置（基本环境搭建）

操作系统：Ubuntu 的版本为 20.04。

ROS 版本：ROS Noetic Ninjemys。
基础库：CMake、Git、g++、gcc。

3. 代码获取

Gmapping 源代码下载地址：https://github.com/ros-perception/slam_gmapping。
Tianracer 仿真源代码下载地址：https://github.com/tianbot/tianracer/tree/raicom。

4. 环境准备

1）下载源代码。创建工作空间：打开终端输入"mkdir catkin_ws"命令，在主文件夹下创建一个名为 catkin_ws 的工作空间。输入"cd catkin_ws"命令进入 catkin_ws 的工作空间，然后输入"mkdir src"命令，在 catkin_ws 文件夹下再创建一个名为 src 的子目录，用于存放程序源代码等资源，如图 4-8 所示。

图 4-8　创建工作空间

在～/catkin_ws/src 下使用 git 下载源代码：git clone https://github.com/6-robot/wpr_simulation.git，按"Enter"键进行下载，如图 4-9 所示。

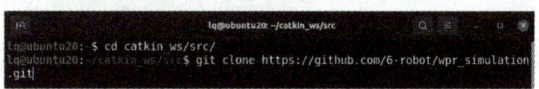

图 4-9　下载源代码到工作空间

2）下载编译时需要的依赖包。打开用户文件夹，依次进入 catkin_ws/src/wpr_simulation/scripts，右键单击空白部分打开终端，输入"./install_for_noetic.sh"命令，按"Enter"键后输入 y 进行依赖包的安装，如图 4-10 所示。

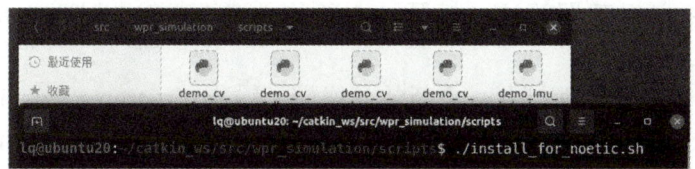

图 4-10　下载编译时需要的依赖包

3）编译源代码。

返回上层目录的命令是：cd ..。

在～/catkin_ws 终端下：输入"catkin_make"命令对源代码进行编译。

在～/catkin_ws 终端下设置环境变量：输入"source ～/catkin_ws/devel/setup.bash"命令，将 catkin_ws 工作空间里的环境参数加载到终端程序里。通常我们会把设置工作空间环境参数的 source 指令添加到终端程序初始化的脚本～/.bashrc 文件中，这样每次打开终端就都可以运行 ros 程序了。

打开一个新的终端，在～终端下输入"gedit ~ /.bashrc"命令，然后将 source ~ /catkin_ws/devel/setup.bash 加入文本的最后一行，如图 4-11 所示。

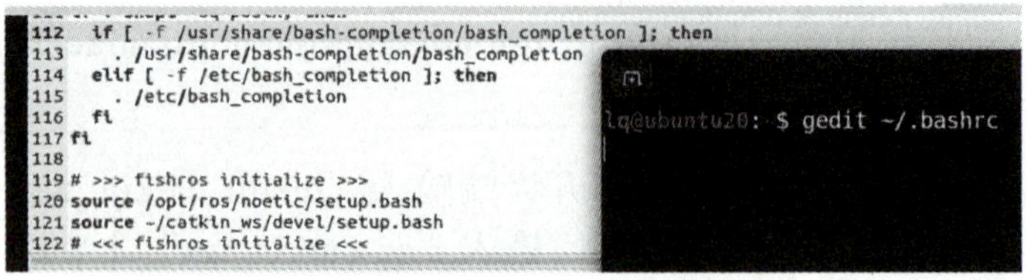

图 4-11　bashrc 文件设置

5. 程序运行

1）启动仿真地图。在～终端中输入"roslaunch wpr_simulation wpb_stage_robocup.launch"命令，运行模拟 RoboCup 家庭服务机器人比赛场景的 Gazebo 程序，如图 4-12 所示。

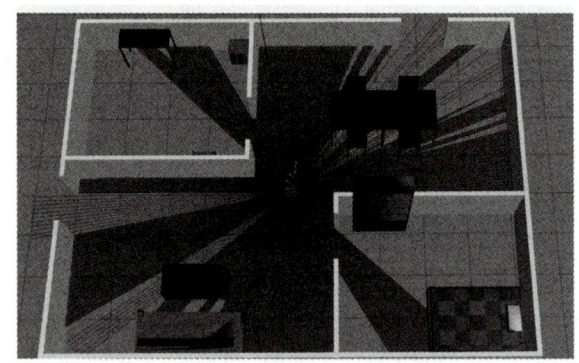

图 4-12　RoboCup 的 Gazebo 程序仿真

2）启动 Gmapping 建图算法。打开一个新的～终端，输入"rosrun gmapping slam_gmapping"命令。

3）启动 rviz 仿真。重新打开一个新的～终端，输入"rosrun rviz rviz"命令，在 rviz 界面单击"add"按钮，依次添加 RobotModel LaserScan（Topic:/scan）、Map（Topic:/map），会得到一个初始化的地图信息，如图 4-13 所示。

4）使用键盘命令控制机器人进行建图。再打开一个～终端，输入"rosrun wpr_simulation keyboard_vel_ctrl"命令，可以通过键盘控制机器人的移动，在终端中输入 w，机器人向前加速；在终端中输入 s，机器人向后加速；在终端中输入 a，机器人向左加速；在终端中输入 d，机器人向右加速；在终端中输入 q，机器人左旋加速；在终端中输入 e，机器人向右旋加速；当按下"空格"键，机器人会进行刹车。Gmapping 建图效果如图 4-14 所示。

在四个终端中分别执行上述四条指令的结果如图 4-15 所示。

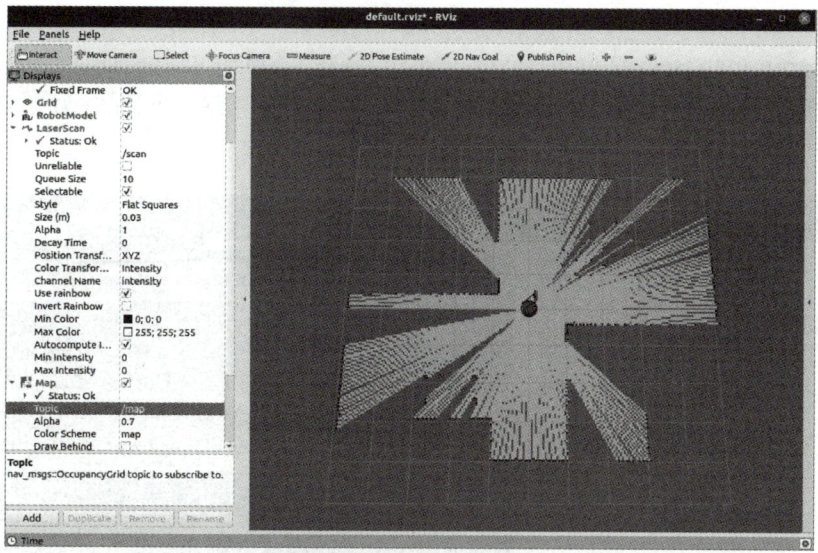

图 4-13　rviz 初始地图

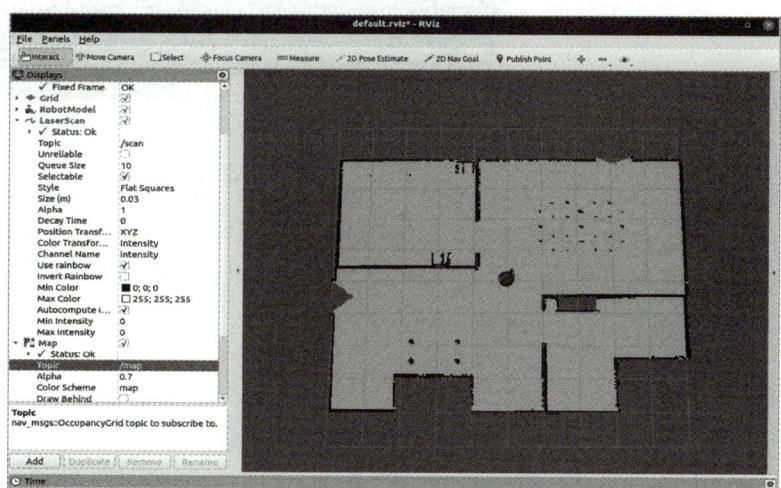

图 4-14　Gmapping 建图效果

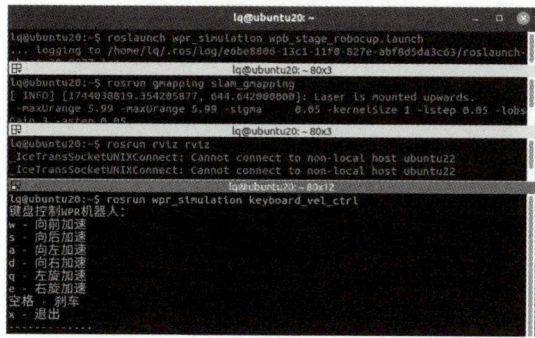

图 4-15　四条指令在终端中执行

5）保存 Gmapping 建好的地图。保证上述终端都打开的情况下，再重新打开一个~终端，输入"rosrun map_server map_saver -f map"命令（map 可以是任何单词），最后会在主目录的文件下生成两个扩展名为 .pgm 和 .yaml 的文件，这样就保存好了建好的地图，如图 4-16 所示。

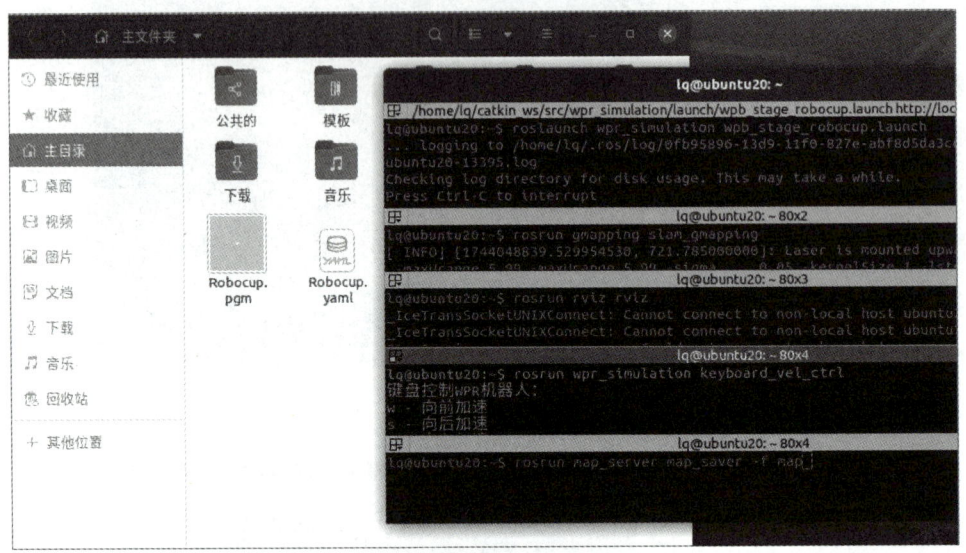

图 4-16　保存地图

将上述终端都关闭，打开一个~终端，输入"roscore"命令，重新打开一个新的~终端，输入"rosrun map_server map_server map.yaml"命令，再打开一个新的~终端，输入"rosrun rviz rviz"命令，单击"add"按钮，添加 Map（Topic:/map）就可以在 rviz 界面中查看已保存的地图。

第 5 章

视觉 SLAM

视觉 SLAM 也分为前端和后端，其中前端也称为视觉里程计（Visual Odometry, VO），后端则进行位姿优化和建图工作。视觉里程计根据相邻两帧图像信息进行相机的位姿估计，给后端提供较好的位姿初始值。传统的视觉里程计位姿估计算法主要分为两大类：特征点法和直接法。特征点法具有稳定性，且对光照和动态物体不太敏感，是目前比较成熟的解决方案。因此，本章以特征点法作为切入点，使读者深入掌握帧间视觉里程计的工作原理和实现方式。

5.1 视觉 SLAM 概述

视觉 SLAM 系统框架如图 5-1 所示。搭载视觉 SLAM 系统的机器人使用相机获取环境的数据信息，并对其进行读取和初步处理。有时为了提高机器人定位的稳定性和精度，还可能利用码盘、惯性传感器获取数据。视觉里程计的任务是估计机器人的运动位姿，并绘制一个初步的地图。后端优化的主要目的是优化视觉里程计实时估计的相机位姿，除此之外还接收回环检测反馈的信息，并根据此信息减少机器人在活动时累积的误差，最终获得一个与全局一致的地图以及准确的轨迹。类似于激光雷达 SLAM 的回环检测功能，视觉 SLAM 的回环检测模块的任务是判断机器人在曾经的某一时刻是否来到过当前的位置。如果该模块检测到回环，它会将该信息传送给后端优化模块处理。建立地图（Mapping）模块主要是一些地图数据信息，里面包含一些关键帧以及相机的位姿信息，以及根据现实需要所对应的地图。

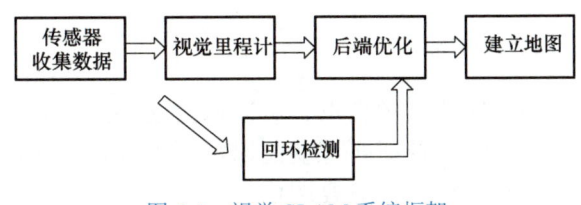

图 5-1 视觉 SLAM 系统框架

5.2 图像信息采集

视觉 SLAM 所用的传感器十分简单，它只需要 2.2 节介绍的图像传感器——相机即可。

相机按照工作方式的不同，可以分为单目相机、双目相机和深度（RGB-D）相机 3 个大类。

一般来说，由一个摄像头组成的相机称为单目相机，单目相机的模型结构比较简单，制作成本低。单目相机实际上由一个针孔相机构成，物体表面反射的光线透过相机的光心投影到相机的图像平面上，并用一定的方式记录下光的色彩以及亮度。但是，单目相机拍摄的图像会缺少深度信息，因此基于单目相机的 SLAM 系统估计的地图和实际地图相差一个比例系数，该系数又称为尺度因子。此特点使得使用单目相机的 SLAM 系统存在尺度不确定性，所以为了确定地图的真实尺度，研究者开始使用双目相机和深度相机。

双目相机由两个摄像头组成，摄像头之间的距离是固定且确定的，该距离称为相机基线。图像中每个像素的空间深度可以通过基线进行测量，测量的深度和相机基线成正相关。双目相机也有一定的缺点，即在使用前需要准确地标定配置，该过程比较复杂。此外，双目相机测量的量程和精度对基线的精度和图像的分辨率都有要求。而且，双目相机测算距离十分依赖计算能力，为了能够实时输出图像的距离信息，需要额外的硬件设备进行加速。所以，在当前条件下，基于双目相机的 SLAM 系统的主要问题是计算量较大，无法实时估计机器人的运动状态。

RGB-D 相机是近些年来新崛起的一种相机，它的原理相对复杂。RGB-D 相机除了能够获取环境的图像信息外，还能测量出图像中每个像素的现实距离。RGB-D 相机与激光雷达类似，利用红外结构光，首先向机器人所在环境周围发射红外光线，然后接收物体反射的光，并以此测算物体与相机的距离。RGB-D 相机不仅可以获取环境的图像信息，而且能获得图像的深度信息。目前的 RDB-D 相机也存在一定的缺点，如测量深度的范围比较窄、容易受噪声的影响、相机的视野较小并且非常容易受到光照的影响等。所以，RGB-D 相机目前在室内应用比较广泛。

除此之外，还有一种特殊的广角相机，它的视角比一般的相机要广，甚至拥有超过 180°的视角，在有限的距离内能拍摄更多的物体。相比传统的相机，广角相机能获取更多的环境信息，使用广角相机作为传感器一定程度上能提高 SLAM 系统的稳定性。虽然广角相机视野范围广泛，但是其本身存在十分严重的畸变，在实际应用时必须先处理图像畸变问题。

5.3 视觉里程计

5.3.1 特征点提取及匹配算法

一幅图像中总存在着一些独特的像素点，可以认为这些点就是这幅图像的特征，称为特征点。计算机视觉领域中的图像特征匹配就是以特征点为基础而进行的，所以如何定义和找出一幅图像中的特征点非常重要。只要图像中有足够多可检测的特征点，并且这些特征点各不相同且特征稳定，能被精确地定位，即可通过特征点匹配和对极几何（Epipolar Geometry）约束计算得到机器人位姿。以下进行详细介绍。

1. SIFT 特征点提取算法

1999 年，David Lowe 在计算机视觉国际会议上发表了尺度不变特征转换（Scale-Invariant Feature Transform，SIFT）算法。SIFT 特征点提取算法是基于图像的局部外观来寻找特征点。该算法不依赖于图像的大小和旋转，因此当图像大小改变或角度产生旋转时，它可以保持良好的性能。该算法在光线、噪声、小的视角变化时仍能保存良好的精度，受外界因素影响较小。SIFT算法首先为图像创建一个尺度空间，再在尺度空间中提取特征点，并对特征点的位置、尺度和方向等信息加以描述，最后通过特征点的描述信息对特征点进行匹配。SIFT特征点描述中包含大量信息，适合在海量数据库中准确匹配，拼接效果好。SIFT特征点提取算法主要分为以下4个步骤。

1）特征点检测：通过微分函数识别高斯尺度上所有潜在特征点的位置。
2）特征点定位：根据潜在特征点的稳定性判断其是否为特征点。
3）特征点方向确立：通过图像局部的梯度方向，为每个特征点加入方向上的描述。
4）特征点描述：测量图像在特征点附近的局部梯度。

2. SURF 特征点提取算法

2006年，Bay等提出了加速稳健特征（Speeded UpRobust Features，SURF）算法。SURF算法是对SIFT算法的改进。SURF算法的特征点检测由黑塞矩阵的行列式值完成，并使用积分优化运行速度。图5-2所示为SURF算法所创建的黑塞矩阵，创建黑塞矩阵旨在为下一步的特征点提取生成稳定的图像边缘点。与SIFT算法一样，SURF算法的尺度空间由多个组和层组成。两者的区别在于，在SURF算法中，不同组之间的图像大小相同，不同组之间使用的盒式滤波器的模板大小逐渐增大；同一组中不

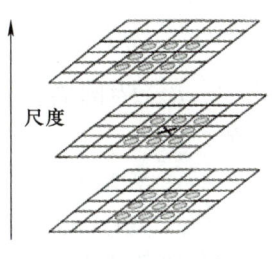

图 5-2 黑塞矩阵

同层图像使用的盒滤波器的大小相同，但滤波器的尺度空间因子逐渐增大。SURF特征点提取是将黑塞矩阵处理过的特征点与其所在的图像域和尺度域中的所有相邻点进行比较。当特征点大于（或小于）所有相邻点时，该点即为特征点。

在初步找到特征点后，过滤特征小而弱的特征点和定位错误的特征点，选择稳定的特征点。如图5-3所示，SURF算法采用Harr小波特征检测算法，将Harr小波的特征计算成一个以特征点为圆心的圆。Harr小波特征检测在特征点的圆形邻域中，以扇形为检测区域，首先检测其中的Harr小波特征的总和，然后以一定角度的间隔将扇形绕圆形进行旋转，再次计算扇形区域内的Harr小波特征的总和，最后选择特征值最多的扇形方向作为特征点的主方向。

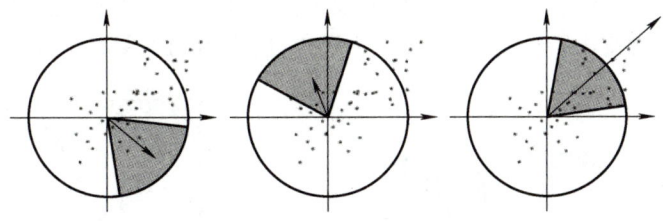

图 5-3 Harr 小波特征检测

与SIFT算法相比，SURF算法有两个优化点：黑塞矩阵和降维的特征描述符。黑塞矩阵是由多元函数的二阶偏导数组成的方阵。黑塞矩阵中的一项是图像的高斯卷积。因为高斯核服从正态分布，所以SURF算法使用了盒式滤波器来代替高斯滤波器，从而提高了

计算速度。SURF 算法通过 Harr 小波特征设置特征点的方向，将特征点描述符的维数减少到了 64 维，缩短了匹配时间。

3. ORB 特征点提取算法

2011 年，Rublee 等人提出了尺度不变特征变换（Oriented FAST and Rotated BRIEF，ORB）算法，该算法结合了 FAST（Features from Accelerated Segment Test）特征点检测和二元鲁棒独立特征（Binary Robust Independent Elementary Features，BRIEF）描述。图 5-4 所示为 FAST 角点检测原理。FAST 角点检测是一种基于小波变换的快速角点特征检测算法。FAST 特征点检测是判断以特征点为圆心的圆周上的多个像素点，其核心思想就是找出图像中的特殊点，并将像素点与其周围的像素点进行比较。如果该像素点与周围圆周上的大多数点的灰度值差很大，那么其就是 FAST 的一个特征点。通常情况下，图像特征点检测选择以待检测点为圆心的圆形区域。FAST 角点计算公式如下：

$$N = \sum_{x \forall [\text{circle}(p)]} |I(x) - I(p)| > \varepsilon_d \tag{5-1}$$

式中，$I(x)$ 为圆周上任何一点的灰度值；$I(p)$ 为潜在特征点的灰度值；ε_d 为灰度值差的阈值。

如果 N 大于给定阈值，则 p 被视为一个特征点。

FAST 角点检测的运算效率高，检测效果也很好。因此，与其他两种算法相比，ORB 算法在运算速度方面有了很大提高。然而，当图像中存在大量噪声时，FAST 算法的鲁棒性不是很好，算法的效果也取决于设定的阈值。此外，FAST 算法无法生成多尺度特征，因此检测得到的特征点不具有旋转不变性。

BRIEF 算法于 2010 年被提出，它提供了一种计算二进制值字符串的快捷方法，如图 5-5 所示。BRIEF 算法首先对图像进行数字图像平滑处理；然后选择特征点周围的区域，在该区域中选择多个点对，并针对每个点对（p_1, p_2）比较其亮度值。如果 $p_1 > p_2$，则将 1 添加到特征点的二进制字符串中；如果 $p_1 < p_2$，则将 0 添加到特征点的二进制字符串中。通过比较多个点对，将生成一个由多个二进制字符组成的二进制值字符串，该二进制值字符串是该特征点的描述。在 BRIEF 算法中，每个特征点都由一个二进制特征向量来描述，通常是一个 128～512 位的字符串。BRIEF 算法舍弃了区域内灰度直方图描述特征点方法，使建立特征点描述符的时间减少，并在很大程度上减少了特征点对匹配所需的时间。由于 BRIEF 算法仅仅是建立特征描述符，无法检索到特征点，因此在使用该算法之前，首先应该使用 FAST 特征点检测算法找出特征点的位置，然后再使用 BRIEF 算法建立特征描述符。

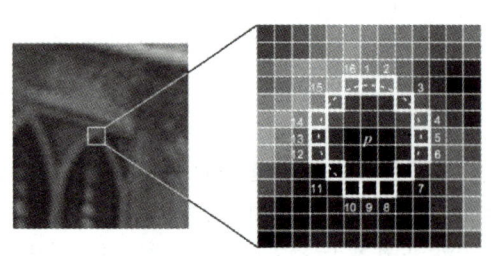

图 5-4　FAST 角点检测原理

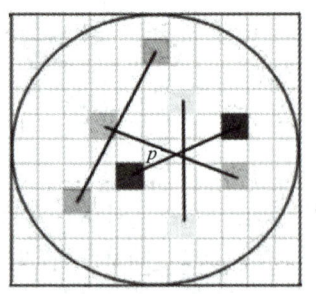

图 5-5　BRIEF 算法二进制值字符串计算方法

BRIEF 算法的最大优点是以二进制的方式高效地存储特征描述符，便于计算。BRIEF 算法的具体步骤如下。

1）对图像进行处理以减少噪声干扰。

2）以特征点为中心，选取 31×31 像素区域。在区域内随机选择一对点，比较它们的像素大小，并使用式（5-2）进行二进制赋值。

$$\tau(p;x,y):=\begin{cases}1 & p(x)\leqslant p(y)\\ 0 & 其他\end{cases} \quad (5\text{-}2)$$

式中，$p(x)$、$p(y)$ 分别为随机点 $x=(u_1,v_1)$、$y=(u_2,v_2)$ 的像素值。

3）在区域内随机选择 N 对随机点，并重复第 2）步，从而形成一个二进制字符串，即为特征描述符。

ORB 算法结合了 FAST 角点检测和 BRIEF 特征描述，提取和匹配特征点的速度非常快。然而，由于 FAST 特征点检测不具有对特征点尺度和方向上的描述，且 BRIEF 特征描述不具有旋转不变性，因此 ORB 算法的匹配精度不高。如果要提高 ORB 算法的匹配精度，则其匹配时间会增加。

4. 特征点匹配

通过对图像与地图之间的描述子进行准确匹配，可以为后续的姿态估计、优化等操作减轻负担。常见的特征点匹配算法包括暴力匹配算法、快速近似最近邻算法等。暴力匹配算法是对两帧图像中每一个特征点与所有其他特征点测量描述子的距离，并排序，取最近的一个作为匹配点。暴力匹配算法的优点是实现简单，不需要复杂的预处理。然而，它的缺点也非常明显，即时间复杂度较高。因此，在对数据量大的字符串进行模式匹配时，暴力匹配算法的效率非常低。此外，还可以采用快速近似最近邻算法来处理匹配点数量多的情况。

5.3.2 求解相机运动

在已经匹配好的点对基础上估计相机的运动（其实就是求 R 和 t），根据相机不同的种类有以下几种情况。

1）相机为单目时，只有 2D 的像素坐标（缺少深度信息），需要根据两组 2D 点估计相机运动，可采用对极几何算法解决。

2）相机为双目、RGB-D 时，可获取距离信息，需要根据两组 3D 点估计相机运动，可采用 ICP 算法解决。

3）如果一组为 3D，一组为 2D，即获取一些 3D 点和它们在相机的投影位置，也能估计相机运动，通过 PnP 算法解决。

下面主要介绍单目情况下采用对极几何求解相机位姿的方法。对极几何是计算机视觉和计算机图形学中的一个重要概念，用于处理多视图几何问题，如立体视觉、结构光和双目视觉等。对极几何描述了两个不同视点（摄像机或传感器）拍摄的同一场景中的特征点之间的几何关系。

如图 5-6 所示为对极几何约束的原理图。设第 1 帧到第 2 帧的运动为旋转 R 和平移 t。两个相机中心分别是 O_1 和 O_2。现在考虑空间中任意 P 点在第 1 帧图像中的特征点为 p_1，在第 2 帧图像中的特征点为 p_2，即 p_1 和 p_2 为同一个空间点在两个成像平面上的投影，现需要求解 R，t。

对极几何的关键概念如下。

1）对极线（Epipolar Lines）：两个视点之间的直线，与每个视点中的特征点相对应。具体来说，对于一对视点，每个视点中的特征点都会在另一个视点中形成一条对极线。这是对极几何的核心概念之一。

2）本质矩阵和基本矩阵（Essential Matrix and Fundamental Matrix）：描述了两个视点之间的关系，包括对极几何的所有信息。其中，本质矩阵通常用于立体视觉问题，而基本矩阵则用于双目视觉和多视图几何问题。这些矩阵可以用于计算两个视点之间的相对运动和特征点的对应关系。

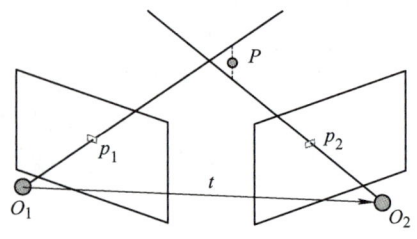

图 5-6　对极几何约束原理图

3）极点（Epipole）：一个特殊的点，与两个视点之间的基本矩阵相关。极点表示在一个视点中看到的另一个视点的位置。

4）对极约束（Epipolar Constraint）：特征点在两个视点中的对应关系必须满足的数学关系。对极约束表明特征点的对极线必须通过另一个视点中的对应点。

设空间 P 点的位置为 $\boldsymbol{P} = [X, Y, Z]^{\mathrm{T}}$，根据第 2 章介绍的针孔相机模型公式（2-2），可知 p_1 和 p_2 的像素位置为

$$s_1 p_1 = \boldsymbol{KP}, \quad s_2 p_2 = \boldsymbol{K}(R\boldsymbol{P} + t) \tag{5-3}$$

式中，$\boldsymbol{K}$ 为相机内参矩阵。

取：

$$x_1 = \boldsymbol{K}^{-1} p_1, \quad x_2 = \boldsymbol{K}^{-1} p_2 \tag{5-4}$$

式中，x_1 和 x_2 为两个像素点的归一化平面上的坐标。

将式（5-4）代入式（5-3），有：

$$s_2 x_2 = s_1 R x_1 + t \tag{5-5}$$

两边同时左乘 $t^{\wedge}$（t 的对称矩阵），即两侧同时与 t 做外积，可得：

$$s_2 t^{\wedge} x_2 = s_1 t^{\wedge} R x_1 \tag{5-6}$$

两侧同时左乘 x_2^{T}，则有：

$$x_2^{\mathrm{T}} t^{\wedge} R x_1 = 0 \tag{5-7}$$

式（5-7）为对极约束，其几何含义为 O_1、O_2 和 P 点三点共面。令本质矩阵 $\boldsymbol{E} = t^{\wedge} R$，可得：

$$x_2^{\mathrm{T}} \boldsymbol{E} x_1 = 0 \tag{5-8}$$

$$p_2^{\mathrm{T}} \boldsymbol{K}^{-1} t^{\wedge} R \boldsymbol{K}^{-1} p_1 = p_2^{\mathrm{T}} \boldsymbol{F} p_1 = 0 \tag{5-9}$$

式中，基础矩阵 $\boldsymbol{F} = \boldsymbol{K}^{-1} t^{\wedge} R \boldsymbol{K}^{-1}$。

于是，相机位姿估计问题变为以下两步。

1）根据配对点的像素位置求出本质矩阵 $\boldsymbol{E}$ 或者基础矩阵 $\boldsymbol{F}$。

2）根据 E 或者 F 求出 R 和 t。

5.3.3 本质矩阵 E 求解过程

根据定义，本质矩阵 $E = t\textasciicircum R$ 是一个 3×3 的矩阵，内有 9 个未知数。考虑尺度等价性，使用 8 点法（Eight-Point-Algorithm）可求解 E。8 点法只利用了 E 的线性性质，可以在线性代数的框架下求解。

考虑一对匹配点，它们的归一化坐标为 $x_1 = [u_1, v_1, 1]^T$，$x_2 = [u_2, v_2, 1]^T$。根据对极约束公式（5-7），有：

$$[u_2, v_2, 1] \begin{bmatrix} e_1 & e_2 & e_3 \\ e_4 & e_5 & e_6 \\ e_7 & e_8 & e_9 \end{bmatrix} \begin{bmatrix} u_1 \\ v_1 \\ 1 \end{bmatrix} = 0 \tag{5-10}$$

把矩阵 E 展开，写成向量形式：

$$e = [e_1, e_2, e_3, e_4, e_5, e_6, e_7, e_8, e_9]^T \tag{5-11}$$

那么，对极约束可以写成与 e 有关的线性形式：

$$[u_2 u_1, u_2 v_1, u_2, v_2 u_1, v_2 v_1, v_2, u_1, v_1, 1] \cdot e = 0 \tag{5-12}$$

同理，对于其他点对也有相同的表示。把 8 对点对都放到一个方程中，变成线性方程组：

$$\begin{bmatrix} u_2^1 u_1^1, u_2^1 v_1^1, u_2^1, v_2^1 u_1^1, v_2^1 v_1^1, v_2^1, u_1^1, v_1^1, 1 \\ u_2^2 u_1^2, u_2^2 v_1^2, u_2^2, v_2^2 u_1^2, v_2^2 v_1^2, v_2^2, u_1^2, v_1^2, 1 \\ u_2^3 u_1^3, u_2^3 v_1^3, u_2^3, v_2^3 u_1^3, v_2^3 v_1^3, v_2^3, u_1^3, v_1^3, 1 \\ \vdots \\ u_2^8 u_1^8, u_2^8 v_1^8, u_2^8, v_2^8 u_1^8, v_2^8 v_1^8, v_2^8, u_1^8, v_1^8, 1 \end{bmatrix} \begin{bmatrix} e_1 \\ e_2 \\ e_3 \\ e_4 \\ e_5 \\ e_6 \\ e_7 \\ e_8 \\ e_9 \end{bmatrix} = 0 \tag{5-13}$$

这 8 个方程构成了一个线性方程组，它的系数矩阵由特征点位置构成，大小为 8×9。E 位于该矩阵的零空间中。如果系数矩阵是满秩的（秩为 8），那么它的零空间维数为 1，即 e 构成了一条线，这与 e 的尺度等价性一致。如果 8 对匹配点组成的矩阵满足秩为 8 的条件，那么 E 的各个元素可由式（5-13）求解。接下来的问题是通过 E 求解 R 和 t，可以由奇异值分解（Singular Value Decomposition，SVD）实现。设 E 的 SVD 为

$$E = U\Sigma V^T \tag{5-14}$$

式中，U 和 V 为正交矩阵；Σ 为奇异值矩阵。

根据 E 的内在性质，可知 $\Sigma = \text{diag}(\sigma, \sigma, 0)$。在 SVD 中，对于任意一个 E，存在两个可能的 t 和 R 与其对应：

$$\hat{t_1} = UR_z\left(\frac{\pi}{2}\right)\Sigma U^T, R_1 = UR_z^T\left(\frac{\pi}{2}\right)\Sigma V^T$$
$$\hat{t_2} = UR_z\left(-\frac{\pi}{2}\right)\Sigma U^T, R_2 = UR_z^T\left(-\frac{\pi}{2}\right)\Sigma V^T \tag{5-15}$$

式中，$R_z\left(\frac{\pi}{2}\right)$ 为沿着 Z 轴旋转 90° 得到旋转矩阵。同时，由于 $-E$ 和 E 等价，所以对于任意一个 t 取负号，也会得到同样的结果。因此，从 E 分解得到 t、R 时，一共存在式（5-15）所示 4 种可能的解。但是只有空间点 P 在两帧中具有正的深度时，结果才有效。因此，可以通过把 P 点代入式（5-14）中求解该点在两帧图像中的深度，就可以确定 4 种解中到底哪个解是正确的了。

5.4 自己动手练之 ORB-SLAM 视觉里程计

1. 背景介绍

ORB-SLAM 是由萨拉戈萨大学 Raúl Mur-Artal 等人于 2017 年提出的视觉 SLAM 算法，因其具有鲁棒性和准确性，故是一种被广泛采用的基于图像的 SLAM。ORB-SLAM 是基于 ORB 特征点提取的 SLAM 算法，可检测 FAST 特征点，并采用 BRIEF 算子对特征点进行描述，对旋转和照明变化具有鲁棒性。

2. 环境配置

操作系统：Ubuntu 操作系统的版本建议采用 20.04 或 18.04，以 20.04 最佳。
基础软件及库：CMake、Git 库、VS Code、g++。
ORB-SLAM2 需要的库：Eigen、Pangolin、Sophus、OpenCV、Ceres、PCL、Octomap、g2o、DBoW3。

3. 数据集及 ORB-SLAM2 代码获取

1）采用 github：git clone https://github.com/raulmur/ORB_SLAM2，获取 ORB-SLAM2 的代码，如图 5-7 所示。

2）TUM 数据集下载网址 https://cvg.cit.tum.de/data/datasets/rgbd-dataset/download。TUM 数据集下载页面如图 5-8 所示。

4. 程序运行

（1）依赖库安装

1）安装 CMake、git、gcc 和 g++。CMake 是一个跨平台的安装（编译）工具，可以用简单的语句来描述所有平台的安装（编译过程）。git 是一个开源的分布式版本控制系统，可以有效、高速地处理从很小到非常大的项目版本管理，也是为管理 Linux 内核开发而开发的一个开放源代码的版本控制软件。gcc 与 g++ 分别是 GNU 的 C 和 C++ 编译器。这些依赖库是运行 ORB-SLAM2 的关键。编译安装：

```
1  sudo apt-get update
2  sudo apt-get install cmake gcc g++ git
```

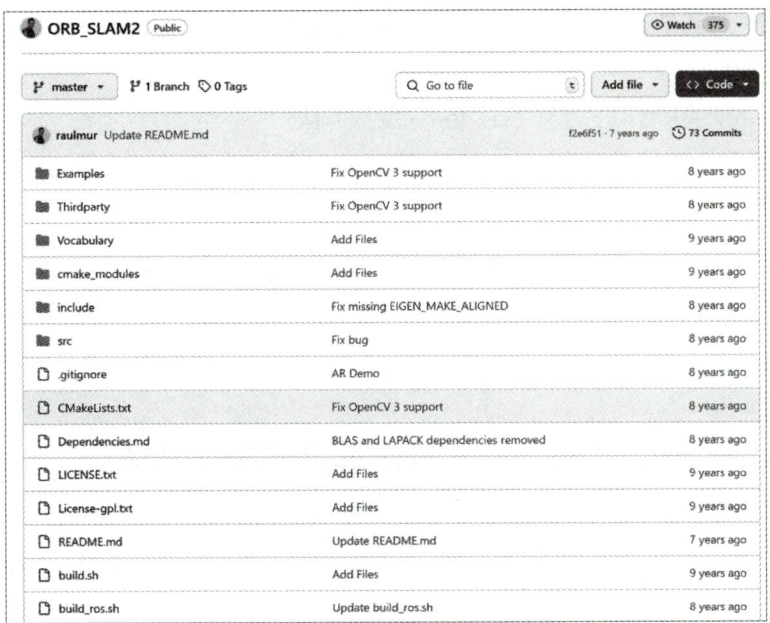

图 5-7　ORB-SLAM2 的下载

Sequence name	Duration	Length	Download	
Category: Testing and Debugging				
fr1/xyz	30.09s	7.112m	tgz (0.47GB)	more info
fr1/rpy	27.67s	1.664m	tgz (0.42GB)	more info
fr2/xyz	122.74s	7.029m	tgz (2.39GB)	more info
fr2/rpy	109.97s	1.506m	tgz (2.13GB)	more info
Category: Handheld SLAM				
fr1/360	28.69s	5.818m	tgz (0.45GB)	more info
fr1/floor	49.87s	12.569m	tgz (0.82GB)	more info
fr1/desk	23.40s	9.263m	tgz (0.36GB)	more info
fr1/desk2	24.86s	10.161m	tgz (0.37GB)	more info
fr1/room	48.90s	15.989m	tgz (0.83GB)	more info
fr2/360_hemisphere	91.48s	14.773m	tgz (1.50GB)	more info
fr2/360_kidnap	48.04s	14.286m	tgz (0.74GB)	more info
fr2/desk	99.36s	18.880m	tgz (2.01GB)	more info
fr2/large_no_loop	112.37s	26.086m	tgz (1.92GB)	more info
fr2/large_with_loop	173.19s	39.111m	tgz (2.83GB)	more info
fr3/long_office_household	87.09s	21.455m	tgz (1.58GB)	more info

图 5-8　TUM 数据集下载页面

2）安装 Eigen。Eigen 是一个高层次的 C++ 库，有效支持线性代数、矩阵和矢量运算、数值分析及其相关的算法。编译安装：

```
sudo apt-get install libeigen3-dev
```

3）安装 Pangolin v0.5。Pangolin 是一个开源的 OpenGL 显示库，用于图像显示和开发。

① Pangolin 下载地址：https://github.com/stevenlovegrove/Pangolin/tags。

② 编译安装：

```
1  sudo apt-get install libxkbcommon-dev
2  sudo apt-get install wayland-protocols
3  sudo apt install libglew-dev
4  cd Pangolin
5  mkdir build
6  cd build
7  cmake ..
8  make -j
9  sudo make install
```

③ 编译成功后，采用如下指令检查 Pangolin 是否能正常使用。

```
1  cd Pangolin
2  cd examples/HelloPangolin
3  mkdir build && cd build
4  cmake ..
5  make
6  ./HelloPangolin
```

若出现如图 5-9 所示的彩色方块，表示 Pangolin 库安装成功。

4）安装 OpenCV 3.4.15。OpenCV 是一个基于 Apache2.0 许可（开源）发行的跨平台计算机视觉和机器学习软件库，可以运行在 Linux、Windows、Android 和 Mac OS 操作系统上。它是轻量级而且高效——由一系列 C 函数和少量 C++ 类构成，同时提供了 Python、Ruby、MATLAB 等语言的接口，实现了图像处理和计算机视觉方面的很多通用算法。

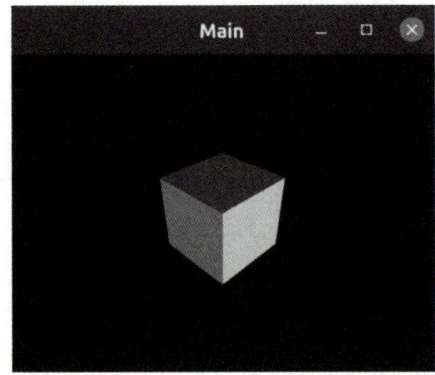

图 5-9　彩色方块

① OpenCV 下载地址：https://github.com/opencv/opencv/tags。

② 编译安装：

```
1  sudo apt-get install build-essential
2  sudo apt-get install cmake git libgtk2.0-dev pkg-config libavcodec-
     dev libavformat-dev libswscale-dev
3  sudo apt-get install python-dev python-numpy libtbb2 libtbb-dev
     libjpeg-dev libpng-dev libtiff-dev libjasper-dev
4  cd opencv3
5  mkdir build
6  cd build
7  cmake ..
8  make -j
9  sudo make install
```

（2）ORB-SLAM2 运行

① 编译安装：

```
1  cd ORB_SLAM2
2  chmod +x build.sh
3  ./build.sh
```

② 终端启动命令（以 TUM 数据集为例）：./Examples/Monocular/mono_tum Vocabulary/ORBvoc.txt Examples/Monocular/TUM3.yaml ../dataset/rgbd_dataset_freiburg3_structure_texture_near。命令包含 4 个参数，分别代表程序执行文件（mono_tum）、词袋文件（Vocabulary/ORBvoc.txt）、配置文件（Examples/Monocular/TUM3.yaml）和数据集（rgbd_dataset_freiburg3_structure_texture_near）。

程序运行过程和结果分别如图 5-10 和图 5-11 所示。图 5-10 为程序在进行特征点提取，图 5-11 显示了运动轨迹及对周围环境所建的稀疏地图。

图 5-10 程序运行过程

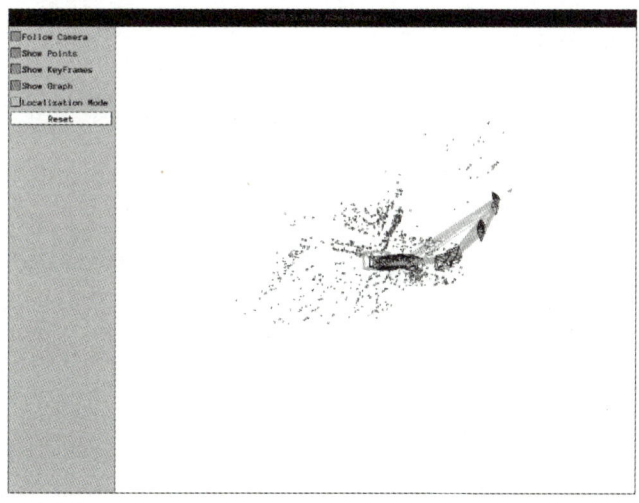

图 5-11 程序运行结果

5. 结果展示

相机运行的三维轨迹图和二维轨迹图如图 5-12 所示。

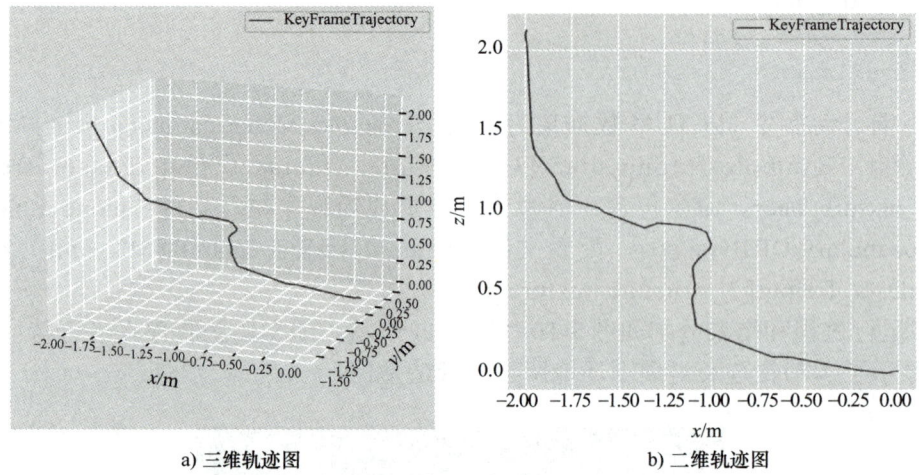

a) 三维轨迹图　　　　b) 二维轨迹图

图 5-12　结果展示

第 6 章

移动机器人导航

自主导航是移动机器人中最基础且重要的功能之一。自主导航的整个过程可以描述如下：给定移动机器人一个目标点，移动机器人通过获取自身位姿实现定位，同时规划出一条到达指定目标点的最优路径，通过该路径到达指定目标点，并且在到达指定目标点的过程中不断进行避障。本章将介绍移动机器人导航系统涉及的相关技术并重点介绍路径规划。

6.1 移动机器人导航相关技术

随着科技的进步与发展，涌现出了众多导航技术，其中较常见的几种导航技术包括磁导航、惯性导航、路标导航、GPS 导航、视觉导航等。依据地图类型不同，导航技术可分为无地图导航、基于已知地图导航、基于增量式地图导航等。

磁导航主要应用在园区或者工厂的自动引导车上，是通过在路径上埋设的多条连续引导电缆实现的。通过控制电缆上流通电流的频率，自动引导车利用感应线圈检测电流来感应路径，实现导航。磁导航技术相对简单，且性能较为稳定。

惯性导航是利用 IMU 中的陀螺仪和加速度计等惯性测量传感器测量移动机器人的速度、加速度以及方位角数据，进而推算移动机器人的当前位姿和下一个目标点。惯性导航因其精密性以及可靠性而具有众多优势。

视觉导航通过单目、双目摄像头等视觉传感器获取环境信息，进而实现导航任务。视觉导航具有信号探测范围广、获取信息完整等优点。在移动机器人上搭载相关传感器，拍摄自身周围环境的局部图像，再通过图像处理中的特征识别、特征点匹配、深度估计等步骤将周围环境信息采集到移动机器人数据处理系统中，实现移动机器人的自身定位与运动规划。

6.1.1 导航系统框架

在地图中给定某一目标点，移动机器人要实现当前位姿至目标点的导航功能，需要进行环境信息的获取、传感器数据的处理、自身状态估计、路径的决策与优化等一系列动作，因此需要一套完善的导航平台以实现各个功能模块的协同与合作。

图 6-1 所示为移动机器人导航通用系统框架。图 6-1 中，首先通过三维重建、SLAM 等方式生成一

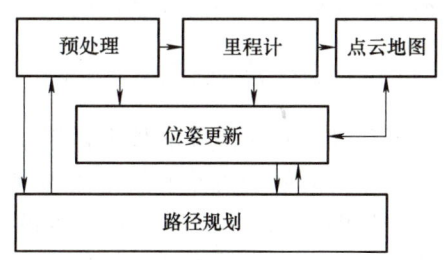

图 6-1 移动机器人导航通用系统框架

张高精度地图并导入；其他模块包括预处理、里程计、位姿更新与路径规划等，分别实现数据处理、位姿计算、状态更新与路径决策等功能。通过模块间的协同与配合，可实现移动机器人的移动导航功能。

6.1.2 定位技术

移动机器人执行导航任务时需要获取自身位置的信息，因此定位的精度与实时性直接决定移动机器人的导航性能。根据原理的不同，移动机器人在未知环境中的定位方式可以分为绝对定位与相对定位。

绝对定位即移动机器人在移动过程中，通过探测感知环境中为移动机器人设置的参照信标，确定自身与这些参照信标的位置关系，进而得出自身在全局坐标系中的位置。在一般应用场景中，绝对定位采用基于环境特征匹配的定位、激光定位、视觉定位等，这些都是直接获取环境中的特征参照信息的方法。绝对定位的结果通常精度较高，这是基于其经过大量计算与数据处理之后带来的优势；同时，也呈现出计算效率低下、运行速度较慢等方面的不足。

相对定位，即移动机器人通过搭载具有测量航迹的传感器获取时间段内自身动态信息，并通过对这些信息数据累积求和来获取移动机器人相对于初始状态位置估计。航迹计算测量主要体现在里程计的速度积分、IMU 惯导对加速度的二次积分等方面，通常仅能获取移动机器人在时间段内的运动信息。由于相对定位无法获取移动机器人的具体位置信息，因此在实际导航定位过程中，需要通过给定初值或者携带激光雷达、视觉传感器等来获取具体位置的方式实现最终定位。

6.1.3 地图构建技术

在移动机器人执行的众多任务中，对自身所在环境进行感知是必不可少的。无论是实现自身定位还是最优路径规划，均需要获取自身所处的环境信息。因此，SLAM 是实现移动机器人导航的前提。当移动机器人处在一个陌生的环境且不知道自身位置时，就需要使用 SLAM 技术获得一张环境地图，同时确定自己处于地图中的具体位置。

从目前的建图技术来看，可将地图分为图 6-2 所示的栅格地图、激光点云地图、语义地图和拓扑地图等类型。其中，栅格地图将环境划分为若干个栅格，在每个栅格中存储占据信息；激光点云地图是通过激光扫描系统向周围发射激光信号，收集反射回来的激光信号，计算周围环境的坐标信息和距离信息；语义地图内包含丰富的地形信息，通常使用视觉传感器测绘生成；拓扑地图作为一种统计地图，仅能表示地图中的点的相对位置信息，不适合实际场景中的导航使用。

6.1.4 路径规划技术

移动机器人的导航技术包括 3 个主要问题："我在哪？我要去哪？怎么去？"其中，"怎么去？"即移动机器人的路径规划问题，是导航过程的关键步骤。

如图 6-3 所示，移动机器人的路径规划问题可以描述为在不提供任何特定结构信息的环境中，移动机器人从起始位置确定一条合适的路径，使移动机器人可以安全快速到达目标点。在导航过程中，一条安全可靠的路径能够直接决定移动机器人的安全性，还能决定移动机器人是否能成功达到目标点，同时也是移动导航的最基本需求。

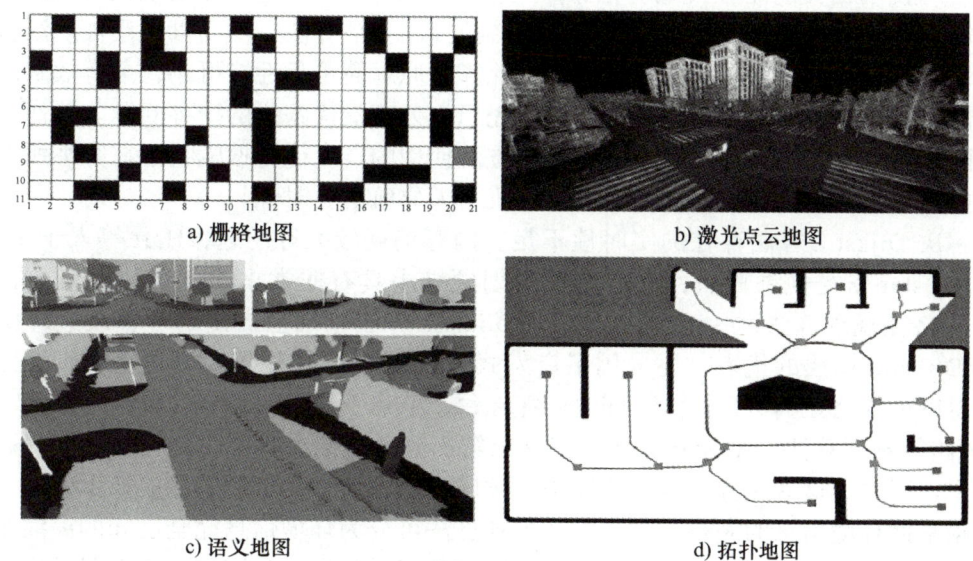

图 6-2　各类地图

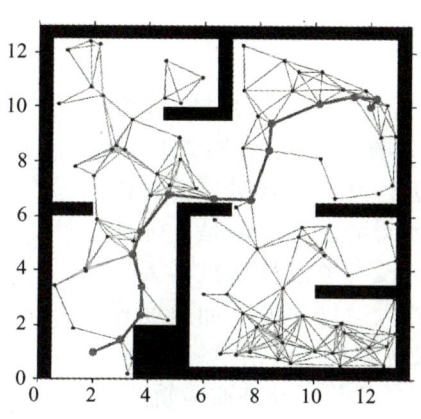

图 6-3　移动机器人路径规划

另外，路径规划算法得出的路径产生的代价，如路径长度、对移动机器人底盘的损耗、转弯角度与次数等都是决定路径适用性的重要评价指标。在规划时会优先考虑路径长度，这是因为速度恒定的移动机器人需要满足最快到达目标点的需求。其次，转弯角度与次数也尤为重要，过多的转弯次数会导致移动机器人移动不自然并在转弯处出现减速与卡顿的情况；并且当转弯角度超过移动机器人的最大限度转角时，会出现移动机器人在转角处无法转弯的情况。因此，规划出一条最小代价的路径对于移动机器人保持良好的运动状态意义重大。综上，在导航过程中选择一条合适的路径是非常必要的，路径规划算法的决策、规划性能是导航成功的关键因素。

6.2 路径规划算法

与导航技术相关的路径规划算法最早可追溯至1956年,这一年著名的Dijkstra点对点路径规划算法由科学家艾兹赫尔·戴克斯特拉提出。该算法一经问世,便被广泛应用于各领域,尤其在移动机器人的导航技术中。此算法原理简单且性能可靠,可有效解决带权有向图最短路径的规划问题,其采用广度优先思想处理最优路线的搜寻问题。然而,在大范围地图中,搜寻的节点和边数量巨大,该方法使用的广度优先搜索技术在穷举所有搜索节点时搜索效率低下,难以保证路径规划与机器人导航的实时性。

为解决Dijkstra算法存在的实时性不足、内存消耗较大等问题,Hart等人于1968年提出了A-star路径规划算法,其在路径规划领域中具有非常重要的地位,直至目前仍是流行的路径规划算法之一。A-star是在Dijkstra算法基础上提出的一种改进算法,其保持了Dijkstra算法的优点,还采用了启发式搜索策略,定义合适的启发式代价评估函数,使得以最优路径到达目标点,同时还能在每个节点上搜索出最小代价的子节点。相较Dijkstra路径规划算法,A-star算法不仅能求解出到达目标点的最优路径,还能提高路径计算效率。得益于这些优势,目前该算法已被广泛应用于移动机器人导航技术中。

根据掌握环境信息的完整程度,路径规划算法可分为环境信息完全已知的离线全局路径规划和环境信息完全未知或部分未知的在线局部路径规划,分别称为静态路径规划和动态路径规划。

6.2.1 局部路径规划

本节主要介绍局部路径规划中常用的时间弹性带(Time Elastic Band,TEB)算法。传统的弹性带(Elastic Band,EB)算法在进行路径规划时,通过传感器感知周围环境,探测出障碍物位置。但是,弹性带算法仅仅考虑了环境因素,没有考虑移动机器人自身各瞬时状态的约束,如机器人运动速度、加速度等约束,因此导致其无法得到最优路径。针对这一问题,TEB算法结合了时间信息,有效优化了动态避障轨迹。TEB算法基于优化的方法,建立多种约束条件和目标,不仅考虑环境信息,也考虑移动机器人本身的约束条件,如最小转向半径等。约束条件作为图优化的边,优化项作为图优化的节点,如图6-4所示。

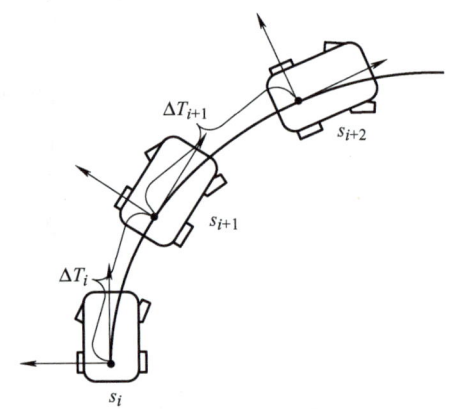

图6-4 移动机器人模型连续轨迹序列

局部路径规划中,移动机器人在世界坐标系下的位姿可以表示为 $s_i = (x_i \quad y_i \quad \theta_i)$,其中 x_i 和 y_i 表示位置坐标,θ_i 表示方向。TEB算法将移动机器人的系列位姿轨迹模型看作有时间信息的弹性带模型,n 个位姿生成 $n-1$ 个时间间隔 ΔT_i 序列,如式(6-2)所示,ΔT_i 表示从位姿 s_i 转移至位姿 s_{i+1} 的时间,位姿序列 Q、时间序列 τ、位姿信息与时间间隔信息组成轨迹信息 A,分别表示为:

$$Q = \{s_i\}, i = 0, 1, \cdots, n, n \in \mathbb{N} \tag{6-1}$$

$$\tau = \{\Delta T_i\}, \quad i = 0,1,\cdots,n-1 \tag{6-2}$$

$$A := (Q, \tau) \tag{6-3}$$

改进的 TEB 算法主要是对约束目标函数进行优化。假设移动机器人已处于排斥势场，自身传感器确定障碍物的位置，位置信息不断更新。引入障碍物代价函数：

$$f_{ob} = \sum_{i=1}^{n}[\rho_0 - d(p,o_i)]^2 \tag{6-4}$$

式中，ρ_0 是允许障碍物和机器人的最小距离；$d(p,o_i)$ 是移动机器人实时位置与障碍物之间的距离。该代价函数是计算机器人运动过程中每一点与障碍物的距离，如果距离小于 ρ_0，该代价函数会对整体代价引入误差。

时间最优也是 TEB 算法考虑的基本点，要求所有位姿之间的时间间隔尽量最小化，以最短的时间到达目标点，提高效率。时间最优约束函数如下：

$$f\left(\sum_{i=0}^{n}\Delta T_i\right)^2 \; i \in \mathbb{N} \tag{6-5}$$

移动机器人实时运动状态表示如下：

$$\dot{s}(t) = \begin{bmatrix} \dot{x}(t) \\ \dot{y}(t) \\ \dot{\beta}(t) \end{bmatrix} \dot{\beta}(t) = \frac{v}{L}\tan[\alpha_\alpha(t)] \tag{6-6}$$

$$f_i(s_{i+1},s_i) = \left(\begin{bmatrix} \cos\beta_i \\ \sin\beta_i \\ 0 \end{bmatrix} + \begin{bmatrix} \cos\beta_{i+1} \\ \sin\beta_{i+1} \\ 0 \end{bmatrix}\right) \times \boldsymbol{d}_i = 0 \tag{6-7}$$

式中，$\beta(t)$ 为移动机器人后轴中心转向角度。

TEB 算法进行局部路径规划时，每个位姿之间的轨迹近似看成一段圆弧，多段轨迹组合起来，就是局部最优路径。如图 6-5 所示，选取了两个连续的移动机器人位姿模型，$\Delta\beta_i$ 为后轴中心的实时转向角。移动机器人转向时按规划的路径行驶，相邻两个位姿位于同一段圆弧上，满足 $\theta_{i,i} = \theta_{i,i+1}$，$\boldsymbol{d}_i = [x_{i+1} - x_i \quad y_{k+1} - y_k \quad 0]^{\mathrm{T}}$，得到非完整运动学约束。

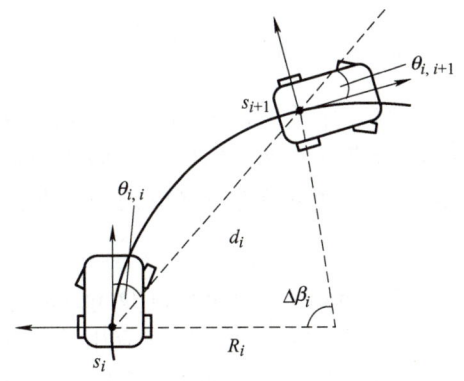

图 6-5 移动机器人转向模型

最小转弯半径和最大转向角与移动机器人的结构相关，任何时刻的转弯半径都不能小于最小转弯半径 $R_{\min}$。转弯半径约束如下：

$$R_i = \left| \frac{d_i}{2\sin\left(\frac{\Delta \beta_i}{2}\right)} \right| \geq R_{\min} \tag{6-8}$$

由于吸引势场函数保持不变,因此叠加势场在目标点求解速度不为零,存在目标点不可达问题。利用机器人与目标点的距离和实时速度,设置目标点加速度约束如下:

$$a_i = \frac{v^2}{2d_i} \tag{6-9}$$

如图 6-6 所示,在位姿与位姿之间都将进行匀减速运动,以此类推,最终机器人到达目标点时速度为 0。

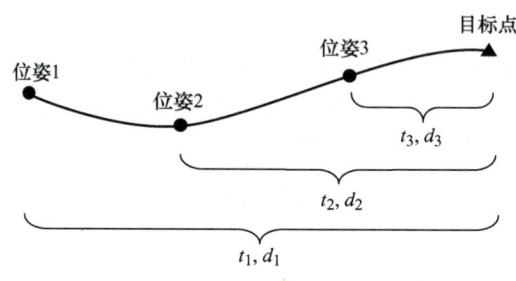

图 6-6 目标点加速度约束

所有的约束条件表示为

$$f(N) = \sum n\gamma_n f_n(N) \tag{6-10}$$

式中,γ_n 为各约束函数的权重系数;$f(N)$ 为各个约束目标函数之和。

TEB 算法通过调整位姿和时间间隔来优化路径,使用权重求和模型求解多约束优化问题。通过不断构建多目标优化得到最优的位姿和时间间隔,生成局部路径,最终 TEB 算法优化结果为

$$N^* = \arg_N \min f(N)$$

6.2.2 全局路径规划

本节介绍一种全局路径规划算法——Voronoi 路径规划改进算法。首先对现有栅格地图进行噪点处理;然后加入假想障碍点,用于生成多分支 Voronoi 图,增大启发式搜索范围;之后对路径进行平滑处理,在此基础上实现移动机器人路径规划。

1. Voronoi 图

Voronoi 图(Voronoi Diagram,VD)又称泰森多边形,由俄国科学家 Voronoi 提出,后在众多领域得到了广泛应用。Voronoi 图由一组由连接两邻点直线的垂直平分线组成的连续多边形组成,如图 6-7 所示。Voronoi 图是对空间平面的一种剖分,其特点是多边形内的任何位置离该多边形的样点的距离最近,离相邻多边形内样点的距离远,且每个多边形内含且仅包含一个样点。

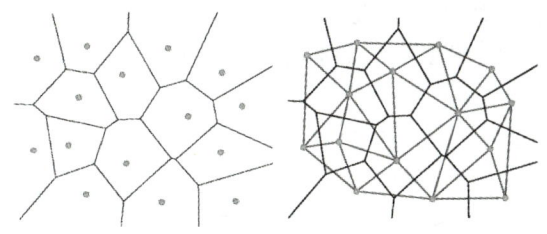

图 6-7　Voronoi 图（泰森多边形）

2. 地图噪点处理

由于研究对象是面向静态环境的路径规划算法，因此在路径规划问题中，首先要解决环境建模问题。对于通过目前 SLAM 算法建立的二维栅格地图，在建图过程中由于建图算法性能、传感器精度等一系列不可控因素，地图中的障碍物边缘会产生噪点，为了提高地图精度，需要对地图进行去噪点和去边缘杂质处理。采用图像中值滤波去噪法，遍历地图内所有像素点，通过对邻域内所有像素进行排序，取其中值为邻域中心像素值。这种去噪法对处理图像中离散点效果较好，因此适合处理原始地图中的离散点。如图 6-8 所示，经过对地图的去噪点处理，去除了边缘与空白处的噪点，剩余白色区域可供机器人进行 Voronoi 图划分与节点生成。

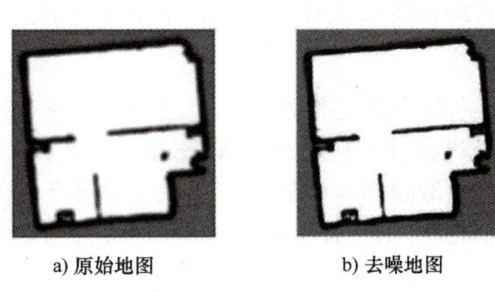

a) 原始地图　　　　　　　b) 去噪地图

图 6-8　地图去噪处理

3. 节点延伸路径策略

常见的基于栅格的算法如 A-star，将地图按照障碍物是否占有划分为空闲、占有两种状态；同时，为了保证地图精度，需要提高地图分辨率，即增加栅格数量。规划过程中对所有栅格进行状态判断，从而规划出一条路径，当栅格地图较大或环境较复杂时，将会大大增加算法的计算量，导致机器人移动迟缓，甚至陷入局部最优致使规划失败。不同于基于栅格的路径规划算法，本节基于 Voronoi 图的路径规划策略，并引入 Voronoi 节点概念（后称节点）。

定义 6-1　Voronoi 节点。Voronoi 图多边形顶点称为 Voronoi 节点。

本节以节点作为启发式搜索范围，通过节点间的延伸、连接实现初步路径规划。计算待选节点移动代价的启发式估价函数 $f(n)$ 如下：

$$f(n) = g(n) + h(n) \tag{6-11}$$

式中，$g(n)$ 为机器人从起始位置移动到 Voronoi 图下一节点的移动成本；$h(n)$ 为启发式代价，代表当前节点 n 到目标点的启发式估算成本，通常用曼哈顿距离或欧氏距离表示。

以图 6-9 为例，处于起始点 S 的机器人搜索最近的节点 n_1，通过启发式搜索逐步连接 $n_2 \sim n_4$ 等节点，接着路径延伸至距离目标点 G 最近的节点 n_5，最终连接 n_5 与目标点 G，完成路径的初步规划。

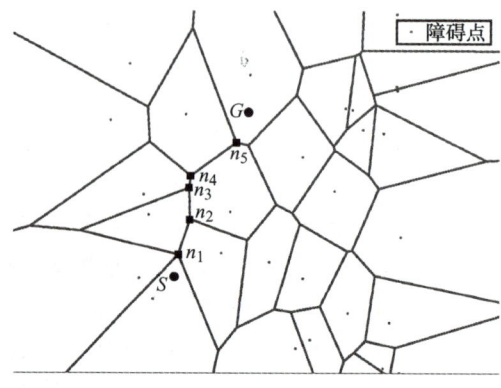

图 6-9　Voronoi 节点生成路径原理

相较于栅格地图对所有栅格都进行分析，基于 Voronoi 图的规划策略对于节点的生成与选取更具针对性。同时，根据 Voronoi 图的性质，在节点连线上移动可最大程度远离障碍物。因此，由节点生成的路径能实现有效避障，保证导航的安全性。

4. 路径生成与平滑处理

首先对原始 Voronoi 图进行多分支化处理，使之增大搜索范围，细化搜索粒度，确保路径的平滑和代价最小。经过多分支化处理的 Voronoi 图包含较多节点，由这些节点间连线生成的原始路径存在偏转次数过多、偏转角度过大、路径不够平滑等不利于机器人移动的问题。为弥补此算法的不足，采用 Voronoi 节点线性拟合与启发式策略平滑处理方式优化路径。

5. 路径多分支化预处理

缺陷分析：基于 Voronoi 节点的搜索过程是以当前节点周围节点为搜索范围，在此搜索范围内选取最小启发式代价的节点，并以此节点为基准继续搜索直至目标点。在环境单一、空旷的室内，由于 Voronoi 图分支较少，导致可选择路径过少，此时会出现许多区域与节点距离较远的情况，当目标点处于这些区域时，难以保证由节点延伸生成的路径为最优解。

图 6-10 为空旷室内地图生成的 Voronoi 图。在图 6-10 中进行路径规划，起始点为 S，目标点为 G，A、B、C、D、E、F 为 Voronoi 图中的部分节点。根据本节节点搜索策略，最终得出的路径为依次经过 A、B、C、D、E、F 节点的路线。由图 6-10 可得，此路径经过 D 点后开始产生不必要的代价。由于在空旷的环境中 Voronoi 图分支较少，导致节点稀疏，在 D 点进行搜索时可选择的节点有限，因此最终未能选取合适节点，规划出的路径缺乏合理性。

图 6-10　空旷室内地图生成的 Voronoi 图

6. 生成多分支 Voronoi 图

针对基于空旷地图生成的 Voronoi 图产生的节点较少的情况，对原始生成 Voronoi 图的方法进行改进，加入随机障碍点，丰富 Voronoi 图分支和节点数量，缩小搜索粒度，扩大搜索范围。为便于阐述生成多分支 Voronoi 图的步骤，做出以下定义。

定义 6-2 随机障碍点。为增加空旷地图中 Voronoi 图的分支与节点，随机在地图空白区域生成的障碍点。

定义 6-3 图像像素点矩阵 P。此矩阵包含图像中全部像素点 p_{ij} 的灰度值信息，表达式如下：

$$P = \begin{bmatrix} a_{11} & \cdots & a_{1n} \\ \vdots & & \vdots \\ a_{m1} & \cdots & a_{mn} \end{bmatrix} \quad (6\text{-}12)$$

式中，m、n 分别为图像像素边长；$a_{ij}(i=1,2,\cdots,m;\ j=1,2,\cdots,n)$ 为像素点的灰度值。

定义 6-4 空白集合 W。空白集合是包含图像中灰度值较大的点的集合，$W=\{p_i=(x_i,y_i)|i=1,2,\cdots,s\}$，其中 p_i 为像素点的坐标，s 为集合中像素点的数量。

为增加节点数量，在地图中加入随机障碍点，生成多分支的 Voronoi 图，步骤如下。

1）加载地图，获取地图像素边长 m、n。

2）设定随机生成障碍点的数量 numPoints，计算公式如下：

$$\text{numPoints} = ks \quad (6\text{-}13)$$

式中，k 为常量系数。

3）遍历 P 中所有像素点，对灰度值 a_{ij} 进行判断，将灰度值大于 M 的像素点 p_{ij} 加入空白集合 W。

4）遍历集合 W 中的所有元素 p_i，采用混合同余随机法生成包含 numPoints 个随机数的集合 R，这些随机数对应集合 W 中的元素序号，$R=\{r_i|i=1,2,\cdots,\text{numPoints};\ 0<r_i<s\}$。

5）通过集合 R 中的元素 r_i，确定集合 W 中被随机选中的元素，根据这些元素的二维坐标生成假想障碍点。

6）根据新加入的障碍点与原始地图中的障碍，再次生成 Voronoi 图。

图 6-11 为经过多分支化处理的 Voronoi 图，相较原始地图在图中随机生成了新障碍点，使得再次生成的 Voronoi 图具有更多的分支与节点，有利于扩大节点搜索范围，增加搜寻到理想节点的可能性。

7. Voronoi 节点线性拟合

对于初步路径存在较多锯齿的情况，对离散节点采用线性拟合方式进行处理，步骤如下。

1）遍历原始路径上的所有 Voronoi 节点，获取其像素点坐标，按顺序存入集合 P，$P=\{p_i=(x_i,y_i)|i=1,2,\cdots,N\}$，其中 N 为路径上的节点数。

2）取优化区间 $q(q\in\mathbb{Z}+,0<q<N)$，由起始点开始将路径以 q 为单位平均分为 $P_q,P_{2q},P_{3q},\cdots,P_N$ 多组数据，其中第 n 个区间 P_{nq} 包含节点 $p_{nq},p_{nq+1},p_{nq+2},\cdots,p_{(n+1)q-1}$。

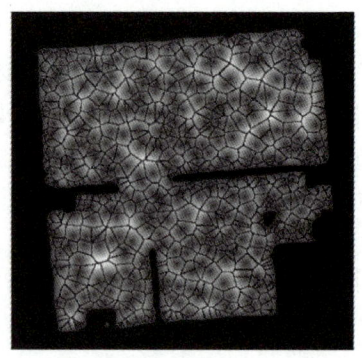

图 6-11 多分支化处理的 Voronoi 图

3）对于第 n 个区间 P_{nq}，获取其所有节点坐标 $(x_0,y_0),(x_1,y_1),\cdots,(x_{q-1},y_{q-1})$。设坐标 y 与 x 之间服从如下近似函数：

$$y = \varphi(x) \tag{6-14}$$

设拟合直线方程为 $y=ax+b$，利用下式计算拟合方程与近似函数的残差：

$$\delta_i = \varphi(x_i) - y_i \tag{6-15}$$

式中，$i=0,1,\cdots,q-1$。

通过计算式（6-16）残差平方和 S，对其求一阶偏导并令其为 0，得到式（6-17），用于求解 a、b。

$$S = \sum_{i=0}^{q-1} \delta_i^2 = \sum_{i=0}^{q-1} [y_i - (ax_i + b)]^2 \tag{6-16}$$

$$\begin{cases} \dfrac{\partial S}{\partial a} = -2\sum_{i=0}^{q-1}[y_i - (ax_i+b)]x_i = 0 \\ \dfrac{\partial S}{\partial b} = -2\sum_{i=0}^{q-1}[y_i - (ax_i+b)] = 0 \end{cases} \tag{6-17}$$

根据 a、b 的值，可获取第 n 个区间中由节点拟合得出的直线方程 $y=ax+b$。

8. 路径平滑处理

通过对所有优化区间离散节点进行线性拟合，计算出每个区间对应拟合直线方程，获取相邻区间两条拟合直线交点。按顺序连接这些交点，形成新的路径。

图 6-12 所示为优化区间拟合直线生成的新的路径。由于新的路径由数条直线连接而成，对于多段连续直线路径来说，连续两段相连直线段的连接处存在转折角，需要进行平滑处理，步骤如下。

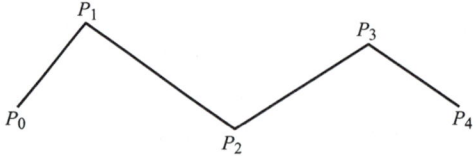

图 6-12 平滑处理前路径

1）完成对优化区间的线性拟合，根据每两段连续区间的拟合直线的交点得到新的路径点集合 P，$P=\{P_i|i=0,1,2,\cdots,n\}$，其中 P_i 为路径点二维坐标。

2）在线段 P_iP_{i+1} 上取点 Q_i、R_i，其中 Q_i、R_i 坐标计算公式如下：

$$\begin{bmatrix} Q_i \\ R_i \end{bmatrix} = \begin{bmatrix} 3/4 & 1/4 \\ 1/4 & 3/4 \end{bmatrix} \begin{bmatrix} P_i \\ P_{i+1} \end{bmatrix} \tag{6-18}$$

3）删除原路径点集合 P，将上述步骤生成的 $2n$ 个新点作为新的路径点，按顺序连接，并依次存入新路径点集合 P，$P=\{P_i|i=0,1,2,\cdots,2n-1\}$。

4）返回第 2）步进行循环，当循环次数达到 5 次时，完成平滑处理。

通过对多段直线路径的优化，在转角处进行平滑处理，使路径更符合移动机器人的运动学要求，如图 6-13 所示。

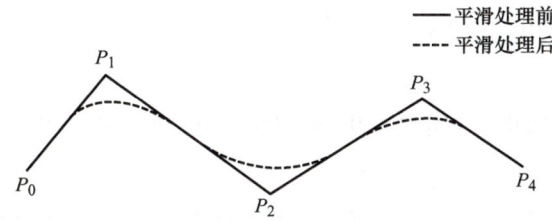

图 6-13　平滑处理前后路径对比

9. 实验结果

图 6-14 所示为原始 Voronoi 算法和 Voronoi 改进算法的路径规划结果。地图面积为 100m × 60m，具有较多障碍物，在此地图中模拟机器人环境感知、路径规划过程。地图中黑色区域代表障碍物，灰色区域可供机器人规划路径。在实验过程中，选取固定起始点与目标点，由两种算法规划出路径。通过对比实验结果可以发现，Voronoi 改进算法所规划的路径更加平滑，相较原始 Voronoi 算法具有更少的微小转折。

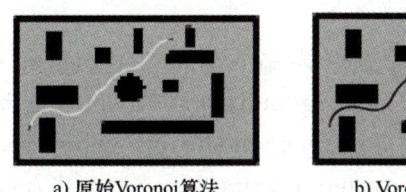

a) 原始 Voronoi 算法　　　　b) Voronoi 改进算法

图 6-14　原始 Voronoi 算法和 Voronoi 改进算法的路径规划结果

6.3　自己动手练之 A-star 路径规划

1. 背景介绍

A-star 路径规划算法是一种高效的图搜索算法，广泛应用于游戏开发、机器人导航等领域。该算法由彼得·汉尼尔、尼查·尼尔森和本特·拉潘在 1968 年提出，结合了最佳优先搜索和 Dijkstra 算法的优点。A-star 算法通过评估每个节点到目标的估计成本（启发式函数）和实际成本，使用优先级队列选择下一步探索的节点。换句话说，A-star 算法是一种聪明的路径规划方法，常用来在地图上寻找从起点到终点的最短路径。它就像一个有方向感的导航员，在每一步都会评估两件事：已经走过的路有多远（g）和预计还要走多远才能到终点（h），然后把它们加起来得到一个"总成本" $f=g+h$。A^* 每次都优先选择 f 最小的格子前进，也就是"看起来最划算的路"。A-star 算法的优势在于其高效率和灵活性，但性能依赖于启发式函数的选择。尽管在大规模图中效率可能下降，且不能保证找到所有可能路径，但 A-star 算法因其强大的搜索能力，在实际应用中仍是首选路径规划方法之一。

2. 环境配置

操作系统：Ubuntu 的版本为 20.04。
ROS 系统：ROS Noetic Ninjemys。
基础库：CMake、Git、g++、gcc、ROS。

3. 数据集及代码获取

A-star 源代码下载地址：https://github.com/zang09/AStar-ROS.git。

4. 程序运行

1）下载源代码。创建工作空间：打开终端输入"mkdir catkin_ws"命令，在主文件夹下创建一个名为 catkin_ws 的工作空间。输入"cd catkin_ws"命令，进入 catkin_ws 的工作空间，然后输入"mkdir src"命令，在 catkin_ws 文件夹下再创建一个名为 src 的子目录，用于存放程序源代码等资源。在～/catkin_ws/src 终端下使用 git 下载代码：git clone https://github.com/6-robot/wpr_simulation.git。

2）下载编译时需要的依赖包。打开用户文件夹，依次进入 catkin_ws/src/wpr_simulation/scripts，右键单击空白部分打开终端，输入"./install_for_noetic.sh"命令，随后在终端中输入 y 进行依赖包的安装。

3）编译源代码。返回上层目录的命令是：cd ..。在～/catkin_ws 终端下输入"catkin_make"命令对源代码进行编译。

4）安装机器人驱动源代码包。在～终端下输入"cd catkin_ws/src/"命令进入～/catkin_ws/src 终端，输入"git clone https://github.com/6-robot/wpb_home.git"命令。在～/catkin_ws/src 终端下输入"cd wpb_home/wpb_home_bringup/scripts/"命令，然后在～/catkin_ws/src/wpb_home/wpb_home_bringup/scripts/ 下输入"./install_for_noetic.sh"命令，随后在终端中输入 y 进行依赖包的安装。再回到～/catkin_ws 终端下，执行"catkin_make"命令对这个源代码包进行编译，具体执行步骤如图 6-15 所示。

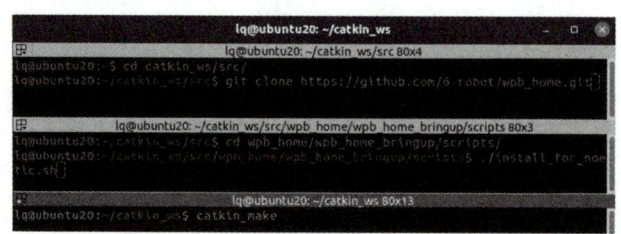

图 6-15　安装机器人驱动源代码包

5）环境准备。

① 将 Gmapping 建图生成的扩展名为 .pgm 和 .yaml 的两个文件放入 catkin_ws/src/wpr_simulation/maps 文件夹下，如图 6-16 所示。

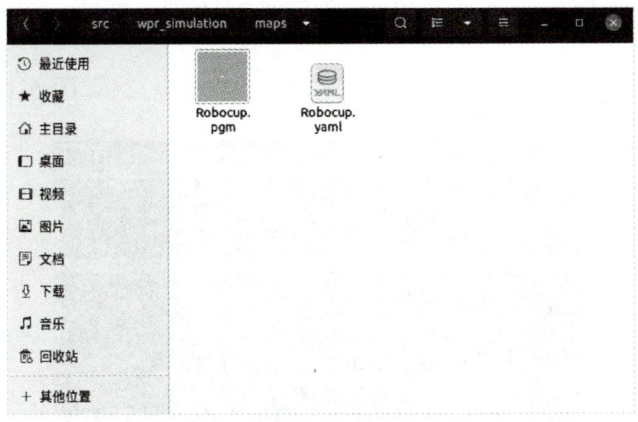

图 6-16　文件夹文件

② 在 ~/catkin_ws/src 终端下，输入 catkin_make_pkg nav_pkg roscpp rospy move_base_msgsactionlib，用"catkin_make"命令创建一个名为 nav_pkg 的包，然后在这个包下面创建一个 nav.launch 文件。

③ 将以下代码写入 nav.launch 文件。

```
1   <launch>
2   <node pkg="move_base" type="move_base" name="move_base">
3   <rosparam file="$(find wpb_home_tutorials)/nav_lidar/costmap_common_
    params.yaml" command="load" ns="global_costmap"/>
4   <rosparam file="$(find wpb_home_tutorials)/nav_lidar/costmap_common_
    params.yaml" command="load" ns="local_costmap"/>
5   <rosparam file="$(find wpb_home_tutorials)/nav_lidar/global_costmap_
    params.yaml" command="load"/>
6   <rosparam file="$(find wpb_home_tutorials)/nav_lidar/local_costmap_
    params.yaml" command="load"/>
7   <param name="base_global_planner" value="global_planner/
    GlobalPlanner"/>
8   <param name="base_local_planner" value="wpbh_local_planner/
    WpbhLocalPlanner"/>
9   <param name="GlobalPlanner/use_dijkstra" value="false"/>
10  <param name="GlobalPlanner/use_grid_path" value="true"/>
11  </node>
12  <node pkg="map_server" type="map_server" name="map_server"
    args="$(find wpr_simulation)/maps/Robocup.yaml"/>
13  <node pkg="amcl" type="amcl" name="amcl"/>
14  </launch>
```

回到 ~/catkin_ws 终端，再次执行"catkin_make"命令。

5. 运行程序

1）运行仿真程序。在～终端中输入"roslaunch wpr_simulation wpb_stage_robocup.launch"。

2）运行 A* 导航算法。重新打开一个新的～终端，输入"roslaunch nav_pkg nav.launch"。

3）打开 rviz 仿真。再打开一个新的～终端输入"rviz"，如图 6-17 所示。

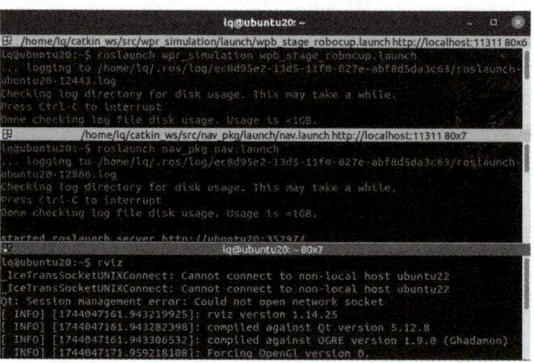

图 6-17　三条指令在终端中运行

在 rviz 界面单击"Add"按钮，添加 RobotModel Map（Topic:/map）会得到一个初始化的地图信息，如图 6-18 所示。

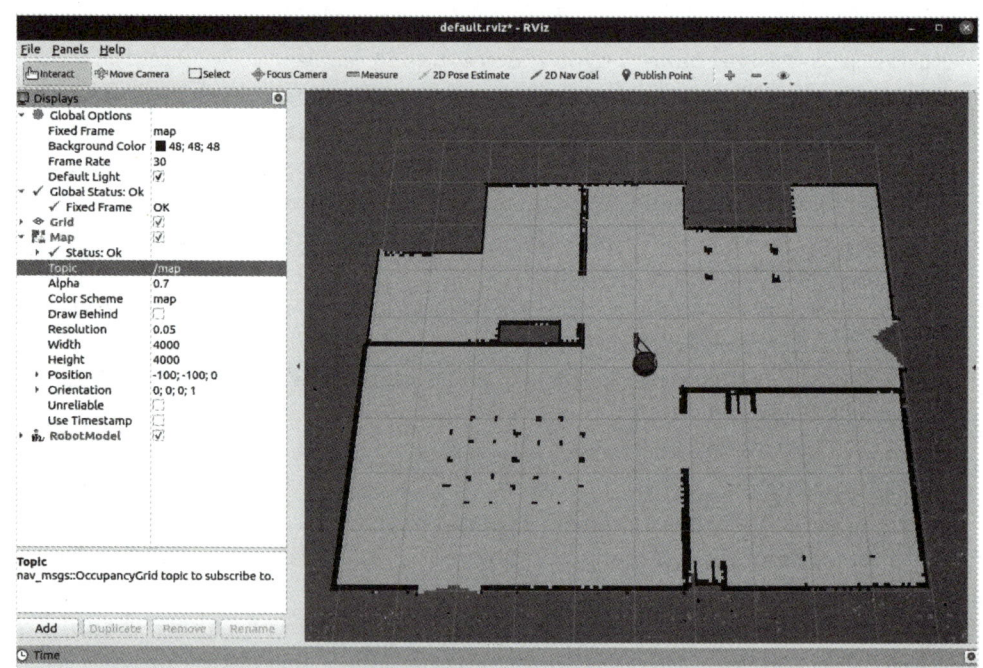

图 6-18　rviz 初始地图

再次单击 rviz 的"Add"按钮，添加 Path（Topic:/move_base/GlobalPlanner/plan）并使用 2D Nav Goal 功能可以观察到导航的路径，如图 6-19 所示。

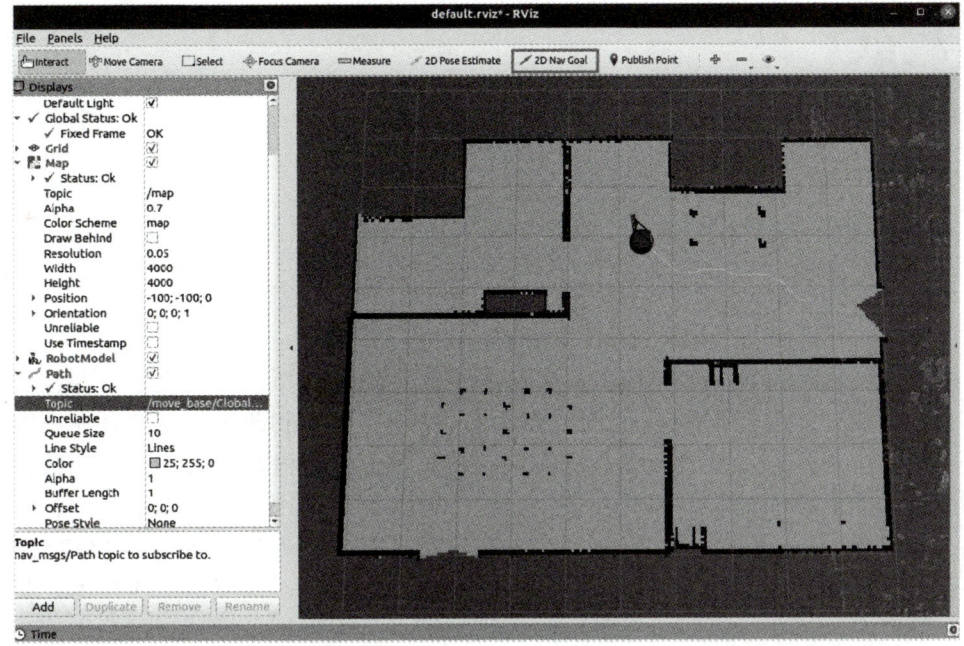

图 6-19　A* 算法导航

第 7 章

三维重建

　　三维重建技术可以将真实物体的外部结构特征转换为虚拟的三维模型，并在计算机中进行展示。近年来，激光雷达等三维数据扫描设备不停创新和改进，使得其在三维重建领域具有广泛的应用潜力。基于激光点云的三维重建技术具备极高的真实性和完整性，能够精确捕捉物体的形状和细节，因此在多个领域中得到广泛应用，具体如下。

　　（1）智能机器人　随着社会的发展，智能机器人需要更高水平的感知和判断能力，以适应较多复杂的环境。因此，机器人的研究已成为焦点。三维点云重建技术在智能机器人领域发挥着至关重要的作用，具备实际应用的潜力。这项技术通过对目标物体或工作环境进行曲面建模，使机器人能够更好地识别当前环境，从而实现自主控制或远程操控。

　　（2）反向工程　三维重建技术能够从物理对象的扫描数据中生成高精度的三维模型，使得反向工程师能够分析、修改、重新设计或制造复杂的零部件和产品，加快产品开发周期，改进现有设计，以及实现产品修复、维护和改进，为制造业带来了巨大的好处。

　　（3）医疗科学　三维重建技术可根据医学影像数据（如 CT 扫描、MRI）创建精确的三维解剖模型，支持医生进行手术规划、疾病诊断和治疗模拟；同时，能够定制个体化的医疗器械和植入物，如骨架、口腔结构和面部轮廓，提高医疗诊断和治疗的精度和效果。

　　（4）文物保护与数字化展示　在文物保护领域，经常需要应对文物部分零件的丢失或受损问题。为了有效恢复文物的真实外观，可以使用激光扫描或结构光扫描等技术，创建文物的高精度三维模型，以捕捉其准确的几何形状和细节。这样不仅可以实现数字化修复，还能栩栩如生地展现文物原貌。在该基础上，还可以建立虚拟数字博物馆，使参观者可以随时随地、更加便捷地浏览各种馆藏文物，不受时间和地域的限制。

　　同时，三维重建技术还广泛应用于人脸识别、航天器飞行器制造、虚拟现实与增强现实、3D 打印、制造业、地理信息系统、地质勘探与石油开采、建筑与土木工程等领域。总之，三维重建技术的发展和应用在许多领域有着深远的意义，它不仅推动了科学和工程领域的发展，还提高了人们的生活质量，为解决许多现实世界的问题提供了有效的工具。

　　基于激光点云的三维重建技术是一种通过采集和处理大量离散的三维坐标点信息来还原真实世界物体或场景的三维模型方法。这些点云数据通常通过激光扫描、摄像头或其他传感器获取，通过算法将这些点云数据转换为可视化的三维模型，以便进行进一步分析、可视化、虚拟仿真和其他应用。点云三维重建技术的基本流程可以参考图 7-1，包括点云的预处理，如滤波、精简、简化，以及点云数据的配准和曲面重建等步骤，最终实现目标物体的三维模型重建。

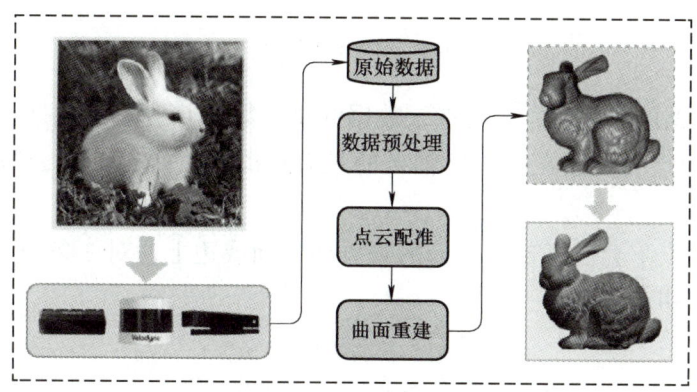

图 7-1 点云三维重建技术的基本流程

7.1 点云数据采集与预处理

在三维点云处理的起始阶段，为了获取实际物体表面的数字化表示，需要利用三维扫描设备进行采集。然而，在点云数据采集过程中，由于扫描设备的测量误差、障碍物的形状、物体的动态变化等因素的影响，点云数据常常包含大量噪声和冗余点等问题。这些问题不仅会影响点云的配准结果，还会对重建模型的表面效果产生负面影响。为解决原始点云数据中存在的大量冗余点的问题，需要采用体素化网格下采样等算法对点云进行精简处理。

7.1.1 体素化网格下采样

图 7-2 所示为体素化网格下采样。体素化网格下采样算法的原理是将点云数据映射到一个三维体素网格结构上，并从每个体素中选择一个代表性的点。这种算法通过将点云数据空间划分为均匀的立方体体素，实现了点云数据的简化。这种算法的优点在于简单而高效，通过将点云数据转换为体素数据，可以大量精简点云数据，从而提高点云数据的处理和传输的实时性。该算法的具体步骤如下。

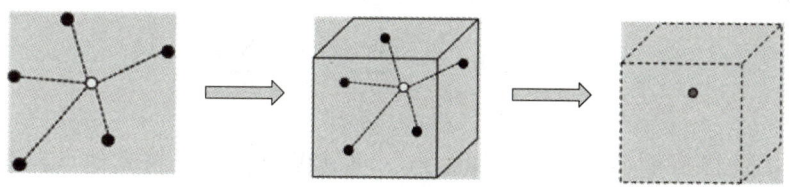

图 7-2 体素化网格下采样

1）通过点云体积确定小立方体的栅格尺寸，采用下式进行设定：

$$L = \alpha \sqrt[3]{\frac{s}{g}} \tag{7-1}$$

式中，α 为调节系数因子；s 为比例系数；g 为小栅格中所包含的点云数据的数量。

$$g = \frac{N}{V}, V = L_x L_y L_z \tag{7-2}$$

式中，V 为点云数据的总体积；N 为点云数据的总个数；L_x 为点云数据在 X 坐标轴上的最大距离差值；L_y 为点云数据在 Y 坐标轴上的最大距离差值；L_z 为点云数据在 Z 坐标轴上的最大距离差值。

为了确保数据点不会位于包围点云的长方体表面或边上，对 3 条边轻微延长 λ，则三条边扩展后的长度如下：

$$\begin{cases} L_x = x_{\max} - x_{\min} + \lambda \\ L_y = y_{\max} - y_{\min} + \lambda \\ L_z = z_{\max} - z_{\min} + \lambda \end{cases} \tag{7-3}$$

2）统计每个小栅格的数据点。根据小栅格的长度 L，将点云数据分割成 mnl 个小栅格，其中 $m = \text{ceil}(L_x / L)$。$\text{ceil}(x)$ 表示取不小于 x 的最小整数。对任意一点 p_i，设 p_i 所在的小栅格编号如下：

$$\begin{cases} m_p = \text{ceil}\left(\dfrac{x_p - x_{\min}}{L}\right) \\ n_p = \text{ceil}\left(\dfrac{y_p - y_{\min}}{L}\right) \\ l_p = \text{ceil}\left(\dfrac{z_p - z_{\min}}{L}\right) \end{cases} \tag{7-4}$$

在全部栅格编码中，点 p_i 所处的栅格编码为 $(m_{p_i}, n_{p_i}, l_{p_i})$，用一维编码表示 p_i 的栅格编码，具体如下：

$$V_{p_i} = m_{p_i} nl + n_{p_i} nl_{p_i} \tag{7-5}$$

3）通过使用式（7-3）和式（7-4），对点云中的每个点进行栅格编码值的计算，把这些编码值储存在链表中，以建立点云空间拓扑关系，并确定每个栅格中包含的数据点。

4）按照下式计算小立方体栅格的重心点位置，并对该栅格进行精简操作：

$$X_{\text{ct}} = \frac{\sum_{i=1}^{g} x_i}{g}, Y_{\text{ct}} = \frac{\sum_{i=1}^{g} y_i}{g}, Z_{\text{ct}} = \frac{\sum_{i=1}^{g} z_i}{g} \tag{7-6}$$

从这些点中选择与重心点最近的那个点，将其保留，同时将其他点在该栅格中剔除。这样，通过逐个处理每个栅格，可以实现对整个点云数据的精简。

图 7-3 所示为采用体素化网格下采样算法对 ICL-NUIM dataset 数据集中的 table_scene 点云文件进行降采样处理结果。ICL-NUIM dataset 数据集是由斯图加特大学公开的一个经典点云数据集，它在计算机图形学和点云处理领域广泛应用，是一个用于评估和比较不同点云处理算法的常用基准数据集。原始点云数据包含 46528 个点，而经过体素化网格下采样算法处理后，点云数量减少到了 15631 个点。通过图 7-2 可以清晰地观察到，体素化网格下采样算法显著精简了原始点云中的冗余点，同时成功保留了原始点云的空间几

何特性。这种精简过程不仅有助于减小数据规模,还能够在后续的点云操作中节省大量的时间和计算资源消耗。

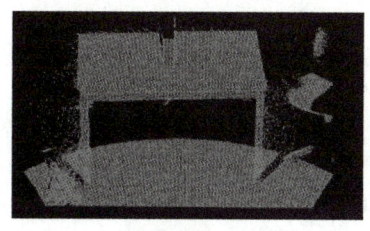
a) 采样前

b) 采样后

图 7-3 体素化网格下采样结果

7.1.2 噪声去除算法

传统的基于曲面拟合的去噪方法通常会在处理整个点云数据时采用相同的曲面拟合规则,这种方法在去除噪声方面效果较差。本小节介绍一种基于点云主曲率的曲面拟合噪声去除算法,使用点云数据中的主曲率信息将目标实体表面分成不同的区域。

具体而言,首先使用主曲率计算来确定哪些部分是平坦的,哪些部分是具有曲面特征的;然后,对于每个区域,采用不同类型的曲面模型来拟合点云数据,以更好地适应该区域的形状;最后,将点云数据中的每个点的原始位置映射到相应的拟合曲面上,以获得更准确的点云表示,从而实现对不同区域的更精细分割和拟合。该算法的优势在于基于点云数据的特性,对点云进行区域分割,并为每个区域选择最适合的曲面模型进行拟合。这种个性化的拟合策略有助于更精确地捕捉不同区域的物体表面特征,并去除小振幅噪声。通过将数据点投影到相应的曲面上,可以更好地还原物体表面的真实形状,从而提高去噪效果。

首先构建离散点的法矢分布矩阵,如下:

$$C' = \sum_k n_k \cdot n_k^T, C' \cdot \vec{V_j} = \lambda_j \cdot \vec{V_j}, j \in \{0,1,2\} \tag{7-7}$$

式中,k 为邻域值;λ_j 为协方差矩阵 C' 的第 j 个特征值,是第 j 个特征向量。

对协方差矩阵 C' 采用矩阵奇异值分解,得到特征值:

$$\rho_j = \frac{\lambda_j}{\lambda_0 + \lambda_1 + \lambda_2}, j \in \{0,1,2\} \tag{7-8}$$

若 $\lambda_0 \geq \lambda_1 \geq \lambda_2$,则主曲率 ρ_1、ρ_2 对应 λ_1、λ_2。根据物体的实际情况,设定阈值 ε_1、ε_2。根据主曲率值的大小,将当前点所在区域分为 3 种类型,如下:

$$\begin{cases} \rho_2 \leq \rho_1 \leq \varepsilon_1, & \text{类平面} \\ \rho_1 \geq \rho_2 \geq \varepsilon_2, & \text{复杂曲面} \\ \text{其他情况}, & \text{复杂曲面} \end{cases} \tag{7-9}$$

根据识别出的不同曲面类型,采用相应的曲面模型对不同的区域进行拟合,具体可参考图 7-4。具体来说,对于类似平面的区域,采用平面模型进行拟合;对于类似简单曲面的区域，采用横截面为圆锥曲面的柱面模型进行拟合；对于类似复杂曲面的区域，采用一般的二次曲面模型进行拟合。将当前点沿着法向量方向移动到所匹配的曲面上，即可实现小振幅噪声的去除。

图 7-4　拟合曲面类型

去噪算法主要分为两个步骤。

（1）筛选阶段　本阶段筛选原始点云。在这一阶段，通过使用条件滤波器基于坐标值的区间来设定筛选条件，以排除非目标点云数据。去除那些明显不符合条件的点，可以有效减少后续处理所需的数据量。

（2）统计滤波阶段　在筛选后的点云基础上，使用统计滤波器来设定邻域值，并进行统计分析。计算点云距离的平均值，该值呈高斯分布。将距离平均值超过 m 倍标准差的点标记为离群点，并将其从点云数据中移除。这一步旨在去除离群点噪声，提高点云数据的一致性和准确性。

本节使用基于点云主曲率的曲面拟合去噪算法对 table_scene 点云文件进行降采样处理。图 7-5 为去噪前后的点云效果对比。

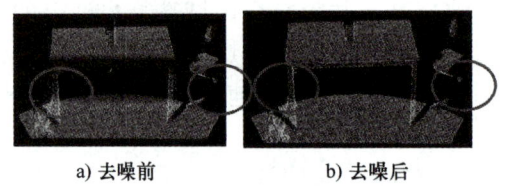

图 7-5　基于点云主曲率的曲面拟合去噪前后的点云效果对比

通过图 7-5 可以观察到，在使用本节介绍的改进方法进行处理后，圆圈处的噪点被去除，算法成功地消除了大量的噪点，从而确保了点云能够更准确地反映物体表面的形状和特征。

7.2　点云配准

在第 4 章中，由于移动机器人激光 SLAM 算法对实时性要求较高，因此其点云匹配算法通常处理的是稀疏点云；但三维重建技术对真实性和完整性要求极高，需要精确捕捉物体的形状和细节，故点云匹配算法通常处理的是稠密点云。因此，本节将介绍三维重建技术当中被广泛应用的几种点云配准算法。

7.2.1　四点共轭集算法

四点共轭集（Four-Points Congruent Sets，4PCS）点云配准算法是一种基于全局搜索策略的算法，通过全局搜索寻找源点云与目标点云之间的对应点对，并计算对应点对的变换矩阵，作为源点云和目标点云的变换矩阵。该算法通过识别一致的四点集合来确定匹配关系，并使用最小二乘法进行优化，以得到更精确的配准结果。

4PCS 算法步骤如下。

1）特征提取：从每个点云数据集中提取特征，以描述点的属性。常见的特征包括位置、法线方向、曲率等。假设第一个点云数据集的特征表示为 S_1，第二个点云数据集的特征表示为 S_2。

2）匹配点集构建：随机选择第一个点云数据集的一个点 p_1 作为初始匹配点。计算点 p_1 的特征描述子，并与第二个点云数据集中的点进行匹配，匹配准则可以是特征之间的距离或相似性度量。选择满足匹配准则的点 p_2 构成第一个匹配点集 $M_1 = \{(p_1, p_2)\}$。

3）选择共面匹配点集：从第一个匹配点集 M_1 中随机选择一个点对 (p_1, p_2)，作为当前共面匹配点对。对于每个点 p_3 和 p_4，计算它们与共面匹配点对的几何关系。如果它们满足共面条件，则加入共面匹配点集 M_2 中，形成四个匹配点集。

4）刚体变换估计：对于每个共面匹配点集 M_2，使用最小二乘法估计刚体变换的旋转矩阵 $\boldsymbol{R}$ 和平移向量 $\boldsymbol{t}$。通过将第一个点云数据集中的点变换到第二个点云数据集的坐标系中，获得对齐后的点云数据。

5）全局一致性检验：对所有的匹配点集进行全局一致性检验，以过滤误匹配和外点的影响。这可以通过计算所有匹配点之间的距离和方向一致性来实现。

6）重复执行步骤 3）~5），直到达到预设的迭代次数或满足停止条件。

4PCS 算法对噪声和局部遮挡具有一定的鲁棒性，能够处理不完整和有干扰的点云数据。但是，全局一致性检验中，4PCS 算法可能会出现误匹配的情况。对于存在局部相似性或重复结构的点云数据，算法可能会产生错误的匹配结果。

7.2.2 超级四点共轭集算法

超级四点共轭集（Super Four-Points Congruent Sets，Super4PCS）点云配准算法是一种用于点云配准的算法，通过识别和匹配两个点云之间的对应点对来实现点云的对齐。该算法是基于 4PCS 算法的改进版本，主要步骤如下。

1）特征提取：对待配准的两个点云进行特征提取。常用的特征包括点的法向量、曲率和法向量直方图等。特征表示用向量或直方图表示。

2）空间分割：将两个点云分割成一组局部区域，每个局部区域包含一些点。常用的分割方法是基于体素格子（Voxel Grid）或基于球体（Sphere）。

3）初始匹配：在每个局部区域内，通过计算特征之间的相似性，对两个点云的对应点进行初步匹配。采用特征之间的距离作为相似性度量。特征之间的距离度量可以采用欧氏距离、马氏距离等方法。例如，对于特征向量 $\boldsymbol{F}_1$ 和 $\boldsymbol{F}_2$，使用欧氏距离计算其距离 d 的公式如下：

$$d = \|\boldsymbol{F}_1 - \boldsymbol{F}_2\| \tag{7-10}$$

4）四点一致性检验：对于初步匹配的点对，通过四点一致性检验筛选出一致的匹配集合。四点一致性是指对于四个点的匹配集合，通过计算其变换矩阵，使得点对之间的距离变换很小。假设有四个点 P_1、P_2、P_3、P_4，它们在两个点云中的对应点为 Q_1、Q_2、Q_3、Q_4。通过最小二乘法求解变换矩阵 T，使得在变换后的点集中点对之间的距离最小化，其中目标函数如下：

$$\min \sum(\|T \times P_i - Q_i\|) \tag{7-11}$$

式中，P_i 为第一个点云中的点；Q_i 为第二个点云中的点；T 为变换矩阵。

通过求解该最小化问题，可以得到一致的匹配集合。

5）迭代优化：对筛选出的一致匹配集合进行迭代优化，得到更精确的点云对齐结果。其常用的优化方法是最小二乘法，优化目标如下：

$$\min \sum(\|T \times P_i - Q_i\|^2) \tag{7-12}$$

式中，P_i 和 Q_i 为匹配点对；T 为变换矩阵。

通过迭代优化过程，可以得到更准确的点云配准结果。

Super4PCS 算法采用了四点一致性检验和迭代优化等方法，能够获得较为准确的点云配准结果。它能够处理复杂的点云数据，对噪声和局部遮挡具有一定的鲁棒性。通过空间分割和特征提取等步骤，可以减小匹配搜索空间，提高计算效率。Super4PCS 在大规模点云数据上具有较高的速度和可扩展性，但是在存储和处理大规模点云数据时对内存的要求较高。在处理非常大的点云数据时，采用 Super4PCS 算法可能会导致内存溢出或计算效率下降。

7.2.3 基于区间分割的多维度特征点云配准算法

鉴于现有点云配准算法存在精度低、配准效率低等问题，本小节介绍一种基于区间分割的多维度点云配准算法，旨在提高配准精度的同时保证算法的实时性。该算法的具体步骤如下。

1. 区间分割

采用距离分割的方式将源点云和目标点云进行分割。首先确定点云中两点间距离最大的点对坐标 $\{a(a_x,a_y,a_z),b(b_x,b_y,b_z)\}$；然后定义区间的宽度 d 公式如下：

$$d = \frac{\sqrt{(a_x-b_x)^2+(a_y-b_y)^2+(a_z-b_z)^2}}{n} \tag{7-13}$$

式中，n 为分割区间数量。

定义分割后的源点云和目标点云分别为 $P[P_1,P_2,\cdots,P_n]$ 和 $Q[Q_1,Q_2,\cdots,Q_n]$，其中 $P_x(x \in n)$ 和 $Q_y(y \in n)$ 代表分割后的源点云子区间和目标点云子区间。

以 $n=5$ 为例，以 a 为球心，xd 为半径作球切面（$x=1,2,3,4,5$），切面将点云分为 5 个部分。点云区间分割效果如图 7-6 所示。图 7-6a～d 分别为源点云分割前、源点云分割后、目标点云分割前和目标点云分割后的效果。

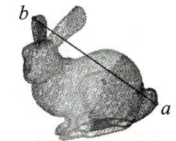

a) 源点云分割前　　　b) 源点云分割后　　　c) 目标点云分割前　　　d) 目标点云分割后

图 7-6　点云区间分割效果

2. 点云子区间匹配

为找到源点云 $P[P_1,P_2,\cdots,P_n]$ 和目标点云 $Q[Q_1,Q_2,\cdots,Q_n]$ 中分割点云 P_x 和 Q_y 之间的对应关系，首先计算所有分割点云 P_x 和 Q_y 的曲率，得到曲率直方图；然后基于灰度直方图匹配原理，通过直方图的相似性找到分割点云 P_x 与 Q_y 之间的对应关系，从而实现源点云和目标点云之间的子区间匹配。

3. 曲率计算

点云表面信息主要涵盖点的坐标信息，尽管这些坐标会随着点云的位置而变化，但点与其邻域点之间的相对位置信息保持不变。曲率是点云的一项重要几何特征，用于描述点及其周围邻域点的几何特性。该几何特征能够帮助用户理解点云中的曲面变化和形状特征。本算法通过计算法曲率来表征点云特征。

对于点云中的任意点 p，设 p 的单位法向量为 N，构建图 7-7a 所示的局部坐标系 $L\{p,X,Y,N\}$，其中，X 和 Y 为正交单位向量。假设 p 点附近有 m 个近邻点，$l_i(i\in m)$ 为点 p 的第 i 个近邻点，l_i 的法向量为 M_i，定义点 p 相对于点 l_i 的法曲率为 k_{l_i}。

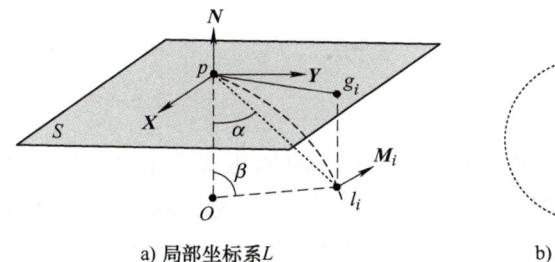

a) 局部坐标系 L　　　　b) 三角形 pOl_i

图 7-7　弦法向量法

设 p 的坐标为 $(0,0,0)$，l_i 的坐标为 (x_i,y_i,z_i)，M_i 的坐标为 $(n_{x,i},n_{y,i},n_{z,i})$。如图 7-7b 所示，以点 p、点 l_i、点 O 做密切圆，得到三角形 pOl_i。

点 p 相对于点 l_i 的法曲率 k_{l_i} 可通过以下两式得到：

$$k_{l_i}=-\frac{\sin\beta}{|pq_i|}\approx\frac{n_{xy}}{\sqrt{n_{xy}^2+n_z^2}\sqrt{x_i^2+y_i^2}} \qquad (7\text{-}14)$$

$$n_{xy}=\frac{x_in_{x,i}+y_in_{y,i}}{\sqrt{x_i^2+y_i^2}},\ n_z=n_{z,i} \qquad (7\text{-}15)$$

由此可计算得到点云中每一点的法曲率。

4. 直方图相似性

图 7-8 为源点云 P 的曲率特征点分布及其曲率特征直方图。从图 7-8 中可以发现，不同曲率的点分布在相应曲率区间中，如在曲率较大的区间（>0.006）中的点主要分布在 bunny 点云的褶皱与边缘处。

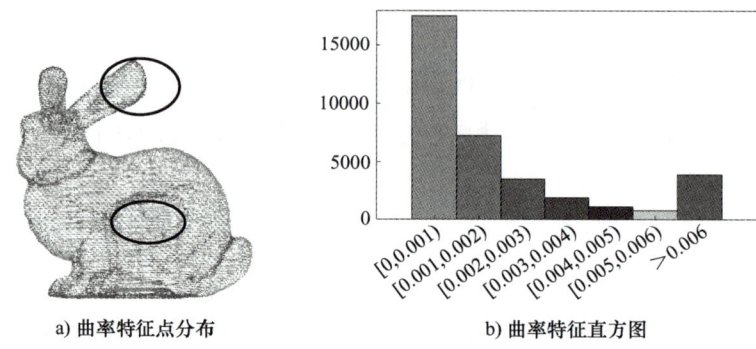

图 7-8 曲率特征点分布及曲率特征直方图

基于上述方法，可以得到分割子区间 P_x 和 Q_y 的曲率直方图，而 P_x 和 Q_y 的曲率直方图之间的相似性可采用 Bhattacharyya 距离计算得到。Bhattacharyya 距离计算公式如下：

$$d(H_{P_x}, H_{Q_y}) = \sqrt{1 - \frac{1}{\sqrt{\overline{H_{P_x}} \overline{H_{Q_y}} n^2}} \sum_{m=1}^{n} \sqrt{H_{P_x(m)} H_{Q_y(m)}}}$$

$$\overline{H_{P_x}} = \frac{1}{n} \sum_{m=1}^{n} H_{P_x(m)}$$

（7-16）

式中，H_{P_x} 和 H_{Q_y} 为 P_x 和 Q_y 的曲率直方图。

分割点云区间 P_x 与 Q_y 之间的 Bhattacharyya 距离越短，P_x 与 Q_y 之间的相似度越高，由此可得到分割点云之间的匹配关系，从而实现源点云和目标点云之间的子区间匹配，后续的点云配准和变换矩阵计算只需要在具有对应关系的子区间之内进行。相较传统的全局搜索对应点的方式，本算法大幅降低了点云配准的搜索范围，需要配准的点云数量降为 $1/n^2$，极大地提高了点云的搜索效率。

5. 多维度特征匹配

配准到对应的点云子区间后，即可在对应的点云子区间进行点云配准。对于点云数量较大的点云配准，现有算法主要采用基于全局搜索的点云配准算法和基于几何特征描述的配准方法，但常存在计算量大、效率低、精度低的情况。基于 4PCS 算法进行子区间点云配准。图 7-9 所示为 4PCS 算法。4PCS 算法基于仿射不变性，即刚体变换后交点所占线段比例不变以及点之间的距离不变性，通过在源点云和目标点云中寻找尽可能多的近似共面点对（近似全等四点集），在 RANSAC 算法框架下进行迭代，选择多组对应的四点集。最终，利用最小二乘法计算得到变换矩阵。

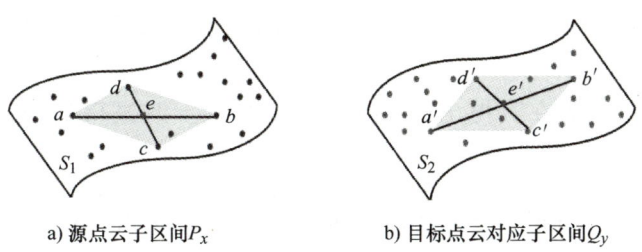

a) 源点云子区间 P_x b) 目标点云对应子区间 Q_y

图 7-9　4PCS 算法

在源点云子区间 P_x 内选取四点集 $B = \{a,b,c,d\}$，如图 7-10a 所示，随机选择构成三角形面积尽量大的 a、b、c 3 个点，确定 3 点后，遍历源点云区间中所有的点，选择与这 3 点组成的平面尽可能共面的第 4 个点。

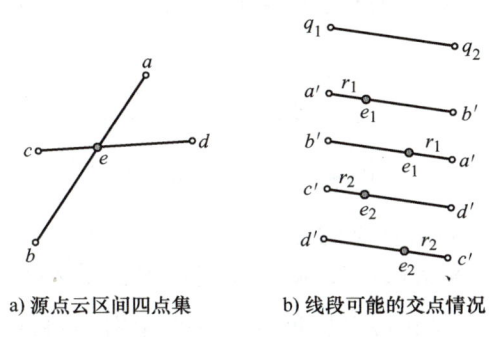

a) 源点云区间四点集   b) 线段可能的交点情况

图 7-10　四点集匹配

计算距离约束不变量 d_1、d_2 和比例约束不变量 r_1、r_2，公式如下：

$$d_1 = |b-a|, d_2 = |c-d| \tag{7-17}$$

$$r_1 = \frac{|a-e|}{|a-b|}, r_2 = \frac{|c-e|}{|c-d|} \tag{7-18}$$

对于目标区间点云，取任意点对 $\{q_1, q_2\}$ 组成一个线段；对于目标点云子区间 Q_y 中的每一对点 q_1 和 q_2，可以通过式（7-19）计算交叉点位置，得到 4 个可能的交叉点，如图 7-10b 所示。

$$\begin{cases} e_1 = q_1 + r_1(q_2 - q_1) \\ e_2 = q_1 + r_2(q_2 - q_1) \end{cases} \tag{7-19}$$

对于任意一对点，如果它们的交叉点相同，那么它们就是符合要求的四点集。由仿射不变性，可得到目标点云子区间 Q_y 中与源点云子区间 P_x 中四点集近似相等的四点集对。

由于点云密度不均匀，因此目标点云子区间 Q_y 中的四点集与源点云子区间 P_x 中的四点集点可能存在多对四点集对的情况。为了解决该问题，提取点的曲率及快速点特征直方图（Fast Point Feature Histograms，FPFH）两个特征，构建多维度特征向量，公式如下：

$$\boldsymbol{X}_i = [q_1, q_2, q_3, q_4, f_1, f_2, f_3, f_4] \tag{7-20}$$

式中，$q_i(i=1,2,3,4)$ 表示四点集中点的曲率特征；$f_i(i=1,2,3,4)$ 表示四点集中点的 FPFH 特征。

FPFH 特征是 Rusu 等在其提出的 SPFH 特征基础上改进得到的，点 p_i 的 FPFH 特征计算公式如下：

$$\text{FPFH}(p_i) = \text{SPFH}(p_i) + \frac{1}{k}\sum_{i=1}^{k}\frac{1}{\omega_k}\text{SPFH}(p_k) \tag{7-21}$$

$$\omega_k = \|p_i : |p_i - p_k| < r\|$$

式中，SPFH 为点的简化点特征直方图；p_k 为 p_i 的一个邻域点；r 为点 p_i 的邻域半径；k 为邻域点的个数。

通过匹配多维度特征向量的相关性来估计四点集的对应关系。令 X、Y 分别为源点云区间四点集和对应目标点云区间四点集的多维向量，X、Y 的特征相似系数 r_{XY} 可采用下式进行计算：

$$r_{XY} = \frac{\sum(X-\bar{X})(Y-\bar{Y})}{\sqrt{\sum_{i=1}^{n}(X_i-\bar{X})^2}\sqrt{\sum_{i=1}^{n}(Y_i-\bar{Y})^2}} \tag{7-22}$$

式中，$\bar{X}$ 和 $\bar{Y}$ 为多维特征向量 X 和 Y 的平均值。

如果 $r_{XY} > T$（T 是预定义的阈值），则更新目标点云子区间 Q_y 四点集，使其与源点云子区间 P_x 中的四点集全等，以获得对应最佳的四点集对。得到源点云子区间 P_x 和目标点云子区间 Q_y 唯一对应的四点集后，即可通过最小二乘法计算变换矩阵。

7.3 曲面重建

得到精确配准的点云后，接下来对配准后的点云进行曲面重建。曲面重建方法通常包括 3 种，即隐式曲面重建、多边形网格重建以及参数曲面重建。本节首先介绍传统的泊松曲面重建算法以及贪婪投影三角化算法；然后，针对传统的曲面重建算法计算效率低、重建模型不连续、存在孔洞等问题，介绍一种基于移动最小二乘（Moving Least Squares，MLS）算法的曲面重建算法。

7.3.1 泊松曲面重建算法

点云数据的隐式曲面重建方法通过将点云数据转换为连续的曲面表示，以重建物体的三维表面。这种方法的核心思想是将点云数据与数学表达曲面的隐式函数相结合，以生成平滑的三维曲面模型。泊松曲面重建算法是其中的一种典型方法，其主要思想是将离散的点云数据转换成连续的曲面表示，通过拟合一个具有平滑性的隐式曲面，以最小化点云数据与重建曲面之间的误差。该算法利用泊松方程将点云数据的法向信息与点云密度相结合，通过解泊松方程来计算曲面，从而实现对点云的曲面重建。具体而言，泊松曲面重建过程包括以下步骤，如图 7-11 所示。

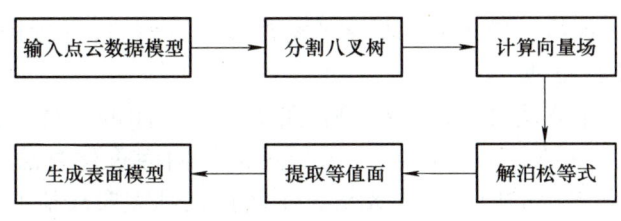

图 7-11 泊松曲面重建过程

在泊松曲面重建过程中，使用隐函数 $f(x,y,z)$ 表示需要重建的曲面模型，其中 $f(x,y,z)>0$ 表示物体模型内部的点，$f(x,y,z)=0$ 表示待重建模型的边界，因此用指示函数 $f(x,y,z)$ 的零梯度点来构建物体表面模型。指示函数类似于曲面的内法向量，而指示函数的梯度可以描述曲面的几何特征。

如图 7-12 所示，针对物体模型 M，其指示函数表示为 χ_M，梯度场表示为向量场 V。最小化梯度场与有向点云向量场之间的差异，得到用于求解曲面模型的指示函数 χ，则有 $\min_\chi \|\nabla\chi - V\|$。使用梯度算子计算，可得到如下关系：

$$\nabla\chi = \nabla \cdot \nabla\chi = \nabla \cdot V \tag{7-23}$$

式中，∇ 为拉普拉斯算子，并且 $\nabla = \nabla^2$。

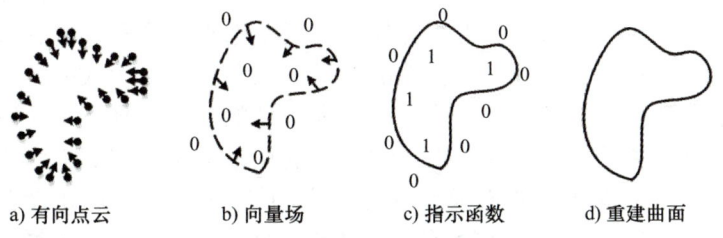

a) 有向点云   b) 向量场   c) 指示函数   d) 重建曲面

图 7-12 泊松曲面重建算法

因为指示函数是一个不平滑的恒定函数，所以直接计算其梯度会导致向量场在曲面边缘上不具有边缘值。因此，需要通过卷积平滑滤波器 $\tilde{F}(q)$ 与指示函数 χ_M 得到一个光滑指示函数 $(\chi_M \times \tilde{F})(q)$，如下：

$$\nabla(\chi_M \times \tilde{F})(q) = \int_{\partial M} \tilde{F}_p(q_0) N_{\partial M}(p) d_p \tag{7-24}$$

式中，$\tilde{F}_p(q) = \tilde{F}(q-p)$；$N_{\partial M}(p)$ 为点 p 在边界 ∂M 上的内法线。

从全局范围内计算曲面积分较复杂，这是因为曲面的几何形状包含较多细节。所以，对点云进行近似曲面积分的离散求和可以根据输入点云的具体信息，通过对点云的局部信息进行处理来逼近整体曲面的几何特征。

$$\nabla(\chi_M \times \tilde{F})(q) = \sum_{s \in S} \int_{p_s} \tilde{F}_p(q) N_{\partial M}(p) d_p \approx \sum_{s \in S} |p_s| F_{s.p}(q) s.N = V(q) \tag{7-25}$$

式中，$s.N$ 为指向模型内部的法向量信息；$s.p$ 为点 s 的位置信息。

要求解泊松方程 $\Delta\tilde{\chi} = \nabla \cdot V$，需要先将问题域离散化为网格，然后选择适当的函数空间，以表示函数 $\Delta\tilde{\chi}$；接着，将泊松方程转换为离散形式，使用有限元法将其表示为线性

代数方程组 $A\tilde{\chi} = B$；最后，使用共轭梯度法解决线性方程组，找到函数 $\Delta\tilde{\chi}$ 的近似解，从而实现模型曲面的泊松重建。

采用泊松曲面重建算法具有以下优势：可以生成封闭的、具有无缝性的曲面，同时保持曲面的良好几何特征。图 7-13 为点云通过泊松曲面重建算法生成的曲面模型。由图 7-14 可知，该算法生成的曲面过于光滑，不能捕捉到需要高精度表示的细节，难以处理非连续的曲面模型，而且计算量较大，需要较长的计算时间。

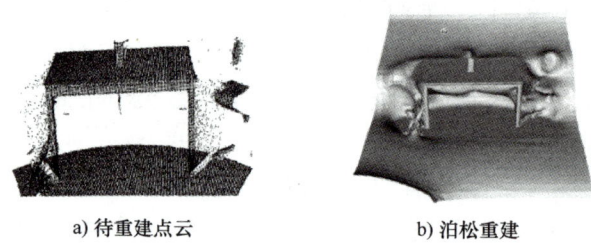

a) 待重建点云　　　　　　b) 泊松重建

图 7-13　点云通过泊松曲面重建算法生成的曲面模型

7.3.2　贪婪投影三角化算法

贪婪投影三角化算法是一种用于点云三维重建的算法，将离散的点云数据转换为三维网格或曲面模型。该算法的基本思想是首先从点云中选择一个种子点，将其他点投影到种子点所在的近似曲面的切平面上，并在平面上进行三角化，以生成一个三角网格，从而将三维空间中的问题映射到二维平面上；然后，从未处理的点中选择下一个种子点，重复该过程；接着，通过坐标映射，将这些二维空间中点的拓扑关系映射回三维空间，从而构建点云的三维拓扑关系，实现物体曲面模型的构建。图 7-14 所示为贪婪投影三角化算法局部投影。然而，值得注意的是，贪婪投影三角化算法对点云的分布和采样密度较为敏感，可能在复杂几何结构的情况下产生不合理的三角化结果，且难以处理不规则或非连续点云数据。因此，在某些应用中需要进行进一步的后处理和改进。

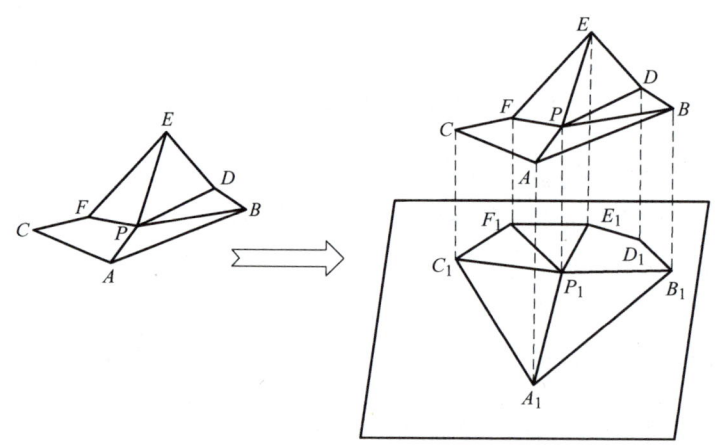

图 7-14　贪婪投影三角化算法局部投影

贪婪投影三角化算法的具体实现过程如下。

1. 最近邻域搜索

针对点云中的任意点 p，使用 kd-tree 算法搜索包含 k 个邻近点的邻域。在进行贪婪投影三角化算法时，点云中的点被分为以下 4 种类型。

1）自由点：初始状态下的点，它们尚未与其他点连接成三角形。

2）完成点：已经连接了所有可能的三角形。也就是说，它们在点云的三角剖分中已经参与了足够多的三角形构建，不再有其他相邻点可以与它们连接形成新的三角形。

3）边界点：在进行三角形连接时，超出了贪婪投影三角化算法中规定的最大角度参数，因此不会被用于当前的三角形构建。这些点通常位于点云的边缘，可能会影响到三角形的质量和稳定性。

4）边缘点：尚未被选择用于构建当前三角形的点。它们可能会在后续的三角形构建中被考虑，但当前阶段尚未与其他点连接以形成三角形。

2. 确定切平面

确定点 p 及其邻域点的投影切平面，并映射到切平面中。

1）对任意点 p 的邻域，若点 $M_0(x_0, y_0, z_0)$ 的法向量是 $\boldsymbol{i} = (A, B, C)$，点 $M(x, y, z)$ 是过 M_0 切平面上一点，则该邻域的切平面可表示为

$$A(x - x_0) + B(y - y_0) + C(z - z_0) = 0 \tag{7-26}$$

2）将邻域内的点投影到二维切平面 Π 中，投影变换矩阵 $\boldsymbol{T}_{M\Pi}$ 的定义如下：

$$\boldsymbol{T}_{M\Pi} = \boldsymbol{T}_c \boldsymbol{R}_x \boldsymbol{R}_y \tag{7-27}$$

式中，$\boldsymbol{T}_c$ 为平移变换矩阵，$\boldsymbol{T}_c = \begin{bmatrix} 1 & 0 & 0 & 0 \\ 0 & 1 & 0 & 0 \\ 0 & 0 & 1 & 0 \\ x_0 & y_0 & z_0 & 1 \end{bmatrix}$；$\boldsymbol{R}_x$ 为围绕 x 轴旋转 α 度，

$\boldsymbol{R}_x = \begin{bmatrix} 1 & 0 & 0 & 0 \\ 0 & \cos\alpha & \sin\alpha & 0 \\ 0 & -\sin\alpha & \cos\alpha & 0 \\ 0 & 0 & 0 & 1 \end{bmatrix}$；$\boldsymbol{R}_y$ 为围绕 y 轴旋转 θ 度，$\boldsymbol{R}_y = \begin{bmatrix} \cos\theta & 0 & -\sin\theta & 0 \\ 0 & 1 & 0 & 0 \\ \sin\theta & 0 & \cos\theta & 0 \\ 0 & 0 & 0 & 1 \end{bmatrix}$。

基于式（7-26）和式（7-27），计算任意点 $p(x_i, y_i, z_i)$ 在其切平面 Π 上的投影，如下：

$$[x_i', y_i', z_i', 1] = \boldsymbol{T}_{M\Pi}[x_i, y_i, z_i, 1]^\mathrm{T} \tag{7-28}$$

3. 曲面重构

聚焦局部区域的最佳生长点，生成拓扑关系，根据二维空间的拓扑关系，映射到三维空间。不断迭代执行，逐步生成物体模型的完整曲面重构。

贪婪投影三角化算法简单易用，且具备一定的优点，如能够处理非封闭曲面模型的重建。然而，该算法也存在以下问题。

1）重建效率低且曲面不平滑：传统贪婪投影三角化算法使用主成分分析法计算点云

邻域点的法向量,当重建物体表面较复杂时,容易出现二义性,导致点云投影拓扑错误,既降低重建效率,又影响重建后的曲面准确性。

2) 重建表面出现孔洞:当点云数据中存在缺失或不完整区域时,该算法无法准确地重建这些区域,导致生成的三维模型中出现孔洞。

7.3.3 基于 MLS 的曲面重建算法

为了实现复杂结构及非封闭结构物体的曲面重建,本节介绍基于 MLS 的曲面重建算法。通过 MLS 对点云进行法向量估计,可以有效减少点云的拓扑错误。为了解决重建后模型出现的孔洞问题,引入三角化网格技术填充孔洞,以建立更加光滑和完整的模型。

1. MLS 法向量估计

MLS 法向量估计是一种用于点云数据处理的技术,它允许在每个点处估计法向量,从而在点云中捕捉曲面的几何特性。MLS 法向量估计的具体步骤如下。

1) 局部邻域选择:对于每个点 P,首先定义一个局部邻域,即一组与点 P 接近的点。该邻域通常由一个搜索半径 r 决定,这意味着只有距离点 P 不超过 r 的点都会被包含在内。该邻域表示为 N_P,其中包括点 P 以及其附近的点。

2) 法向量拟合:在局部邻域 N_P 内需要拟合一个曲面以估计法向量。通常,采用二次多项式来拟合局部曲面,该多项式表示为

$$Z(Q_i) = a_0 + a_1 X(Q_i) + a_2 Y(Q_i) + a_3 X(Q_i)^2 + a_4 X(Q_i) Y(Q_i) + a_5 Y(Q_i)^2$$

式中,$Z(Q_i)$ 为点 Q_i 的 Z 坐标;$X(Q_i)$ 和 $Y(Q_i)$ 分别为点 Q_i 的 X 和 Y 坐标。

MLS 的目标是最小化拟合误差,通常使用误差平方和作为目标函数,记为 $E(a_0,a_1,a_2,a_3,a_4,a_5)$。该目标函数的最小值通过对拟合系数 a_0,a_1,a_2,a_3,a_4,a_5 求偏导数并令其等于零来找到,即 $\partial E / \partial_{a_i} = 0$。

3) 法向量计算:从拟合系数中计算法向量 (n_x, n_y, n_z)。法向量通常与曲面的法线方向一致。法向量的计算公式如下:

$$n_x = -a_1, n_y = -a_2, n_z = 1 \tag{7-29}$$

2. 三角化网格技术填充孔洞

通过连接点云模型孔洞周围的点来生成三角面片,从而填补点云模型中的孔洞,以恢复曲面的完整性和连续性。具体步骤如下。

1) 孔洞边缘检测:本节使用点云中的法线信息来检测孔洞边缘。法线信息由 MLS 算法求得,根据法线方向差异来判断是否为孔洞边缘。其中,对于法线方向差异较大的点,判定其位于孔洞边缘。

2) 三角面片构建:根据检测到的孔洞边缘点,使用 Voronoi 三角化算法构建三角面片。这些点将充当三角面片的顶点,将边缘点连接起来以生成三角面片网格,通过广度优先算法遍历孔洞内的点云数据,这些点将成为填充孔洞内部的候选点。

3) 填充孔洞:将孔洞内部的点逐个添加到三角面片中,为了保持点云的拓扑结

构,选择距离孔洞边界点最近的内部点进行连接,确保它们与周围的点和三角面片相连。

重复以上步骤,直到孔洞内部的所有点都连接到孔洞边界并形成连续的曲面为止。

选用斯坦福大学提供的标准数据集 Bunny,对泊松曲面重建算法、贪婪投影三角化算法和基于 MLS 的曲面重建算法的重建效果对比如图 7-15 所示。从图 7-15 中可以明显看出,基于 MLS 的曲面重建算法有效减少了点云拓扑错误,重建效果佳。

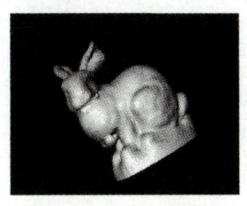

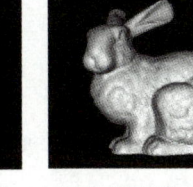

a) 泊松曲面重建算法　　b) 贪婪投影三角化算法　　c) 基于MLS的曲面重建算法

图 7-15　Bunny 重建效果对比

第 8 章

深度学习

8.1 深度学习概述

深度学习是学习样本数据的内在规律和表示层次,这些学习过程中获得的信息对诸如文字、图像和声音等数据的解释有很大的帮助。深度学习的最终目标是让机器能够像人一样具有分析学习能力,能够识别文字、图像和声音等数据。深度学习使机器模仿视听和思考等人类的活动,解决了很多复杂的模式识别难题,在搜索技术、数据挖掘、机器学习、机器翻译、自然语言处理、多媒体学习、语音、推荐和个性化技术,以及其他相关领域都取得了很多成果。

就具体研究内容而言,深度学习主要涉及 3 类方法。

1)基于卷积运算的神经网络系统,即卷积神经网络(Convolutional Neural Network,CNN)。

2)基于多层神经元的自编码神经网络,包括自编码(Auto encoder)以及近年来受到广泛关注的稀疏编码(Sparse Coding)两类。

3)以多层自编码神经网络的方式进行预训练,进而结合鉴别信息进一步优化神经网络权值的深度置信网络(Deep Belif Network,DBN)。

通过多层处理,逐渐将初始的"低层"特征表示转换为"高层"特征表示后,用"简单模型"即可完成复杂的分类等学习任务,由此可将深度学习理解为进行"特征学习"(Feature Learning)或"表示学习"(Representation Learning)。

深度学习最早成功应用于计算机视觉领域,近几年在这股研究热潮下,它已经在人工智能的不同领域得到应用发展,如图像识别、自然语言处理、数据处理等。深度学习与传统机器学习的流程对比如图 8-1 所示,深度学习能够在复杂的输入中自动找出最有价值的特征并进行有效的权重学习,传统机器学习则需要进行复杂的人为提取。在传统机器学习算法中,科学家习惯于将特征工程的过程与建立机器学习模型的过程分开。例如,Canny 边缘检测器和 SIFT 特征提取器作为将图像映射到特征向量的算法,在过去多年里占据了重要地位。然而与一个算法自动执行的数百万个选择相比,人类通过特征工程所能完成的事情很少。当深度学习算法开始应用后,这些特征抽取器被自动调整的滤波器所取代,产生了更高的精确度。相比于机器学习人为的提取特征,深度学习能够克服浅层网络带来的特征表达抽象、不利于提取、难以用来训练等问题。

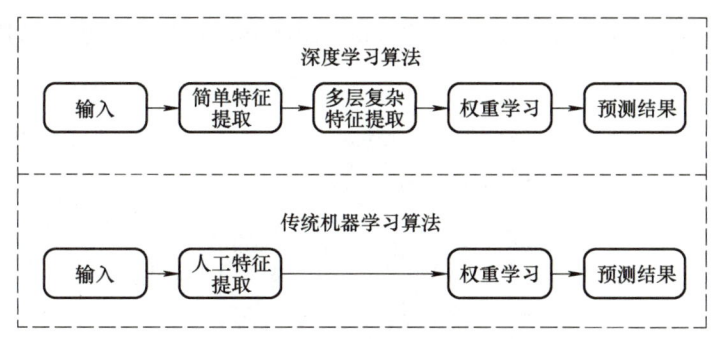

图 8-1　深度学习和传统机器学习的流程对比

此外，通过取代大部分特定领域的预处理，深度学习消除了以前分隔计算机视觉、语音识别、自然语言处理、医学信息学和其他应用领域的许多界限，为解决各种问题提供了一套统一的工具。

8.2　神经网络

人工神经网络（Artificial Neural Network，ANN）是 20 世纪 80 年代以来人工智能领域兴起的研究热点，它从信息处理角度对人脑神经元网络进行抽象，建立某种简单模型，按不同的连接方式组成不同的网络。ANN 在工程与学术界也简称为神经网络或类神经网络。神经网络是一种运算模型，由大量的节点（或称神经元）之间相互连接构成。每个节点代表一种特定的输出函数，称为激励函数（Activation Function）。每两个节点间的连接会对通过该连接的信号进行加权，称为权重，这相当于 ANN 的记忆。网络的输出则依网络的连接方式、权重值和激励函数的不同而发生变化。

最近十多年来，人工神经网络的研究工作不断深入，已经取得了很大的进展。其在模式识别、智能机器人、自动控制、预测估计、生物、医学、经济等领域已成功地解决了许多现代计算机难以解决的实际问题，表现出了良好的智能特性。

大约从 2010 年开始，那些在计算上看起来不可行的神经网络算法变得热门起来，实际上是以下两点导致的：其一，互联网公司出现，其为数亿在线用户提供服务，大规模数据集变得触手可及；其二，廉价又高质量的传感器、廉价的数据存储以及廉价计算的普及，特别是 GPU（Graphics Processing Unit，图形处理器）的普及，使得模型算力极速提升。因此，机器学习和统计关注点从广义的线性模型转移到深度神经网络（Deep Neural Network，DNN），许多如多层感知机、CNN、长短期记忆（Long Short-Term Memory，LSTM）网络等研究在"停滞"了一段时间之后，被"重新发现"。

8.2.1　深度神经网络

深度神经网络（Deep Neural Network，DNN）是基于感知机模型进行扩展的一种变种算法，主要进行了 3 点拓展：①在网络结构中间增加了多层隐藏层，使其能够更好地学习特征，防止网络整体过拟合。②增加多个输出，使其不局限于解决二分类问题，让模型能够应用于各类分类任务。③与感知机所用的 sign(z) 激活函数（Activation Functions）

相比，DNN 引入了更多激活函数，如 softmax、Sigmod 和 ReLU 等。DNN 的基本结构如图 8-2 所示。

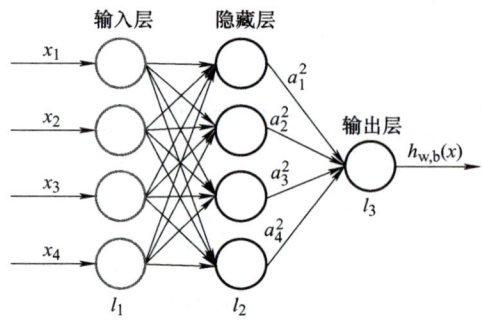

图 8-2　DNN 的基本结构

由于 DNN 所有层都以全连接操作进行计算，因此其线性关系可以表示为 $z = \sum w_i x_i + b$，在此基础上还需要加上任意激活函数 $\sigma(z)$。z 公式中的线性关系系数 w_i 由网络上下层之间的位置关系决定。以图 8-2 为例，l_2 层中的第 3 个神经元和 l_3 层中的输出神经元之间的关系系数定义为 w_{13}^3，其中上标 3 代表 w 所在的层数，下标 1、3 分别表示 l_3 层索引 1 和 l_2 层索引 3。偏置 b_2^4 则表示 l_2 层第 4 个神经元上的偏置数值，DNN 中的输入层是不存在偏置 b 的。同样地，每一层输出由 DNN 的层数和神经元的索引号组成，如 a_1^2、a_2^2 等。定义线性关系参数、偏置、输出和激活函数后，就可以利用上一层的输出计算下一层的输出，也就是所要进行的 DNN 前向传播计算过程。以第二层的输出 a_1^2 为例，它可表示为

$$a_1^2 = \sigma(z_1^2) = \sigma(w_{11}^2 x_1 + w_{12}^2 x_2 + w_{13}^2 x_3 + b_1^2) \tag{8-1}$$

同理，对于 a_2^2、a_3^2、a_4^2，可分别定义为

$$a_2^2 = \sigma(z_2^2) = \sigma(w_{21}^2 x_1 + w_{22}^2 x_2 + w_{23}^2 x_3 + b_2^2) \tag{8-2}$$

$$a_3^2 = \sigma(z_3^2) = \sigma(w_{31}^2 x_1 + w_{32}^2 x_2 + w_{33}^2 x_3 + b_3^2) \tag{8-3}$$

$$a_4^2 = \sigma(z_4^2) = \sigma(w_{41}^2 x_1 + w_{42}^2 x_2 + w_{43}^2 x_3 + b_4^2) \tag{8-4}$$

对于 l_3 的输出 $h_{w,b}(x)$，则可以表示为 a_1^3，如下：

$$h_{w,b}(x) = a_1^3 = \sigma(z_1^3) = \sigma(w_{11}^3 a_1^2 + w_{12}^3 a_2^2 + w_{13}^3 a_3^2 + w_{14}^3 a_4^2 + b_1^3) \tag{8-5}$$

由上述推导可以总结出一般化公式，即如果第 $l-1$ 层有 n 个神经元，那么对于第 l 层的第 j 个神经元输出 a_j^l 如下：

$$a_j^l = \sigma(z_j^l) = \sigma\left(\sum_{k=1}^{n} w_{jk}^d a_k^{l-1} + b_j^l\right) \tag{8-6}$$

通常使用的 DNN 架构网络层数较多，使用上述方法较为繁杂，不易于表示，可以使

用矩阵来代替。假设一个 DNN 网络第 $l-1$ 层有 i 个神经元,下一层 l 层有 j 个神经元,则第 l 层的关系系数 W 则可以用 $i \times j$ 的矩阵形式表示;同理,偏置 b^l 则可以用 $j \times 1$ 的矩阵表示。按照上述理论,可以推理出第 $l-1$ 层神经元的输出 $\boldsymbol{a}^{l-1}$ 为 $i \times 1$ 的向量,第 l 层未经过激活函数的线性输出 $\boldsymbol{z}^l$ 为 $i \times 1$ 的向量,同理第 l 层的输出 $\boldsymbol{a}^l$ 为 $i \times 1$ 的向量。综上,第 l 层的输出可以表示为

$$\boldsymbol{a}^l = \sigma(\boldsymbol{z}^l) = \sigma(\boldsymbol{W}^{l-1}\boldsymbol{a}^{l-1} + \boldsymbol{b}^{l-1}) \tag{8-7}$$

8.2.2 卷积神经网络

CNN 与全连接神经网络的整体架构非常类似。CNN 中的每一个节点都是一个神经元,但 CNN 与 DNN 不同的是相邻的两层网络层只有部分节点相连,并且使用三维矩阵来表示每个神经元的维度。实际工程中,常见的 CNN 架构一般由 3 部分组成:卷积层、池化层和全连接层,图 8-3 展示的就是一种用于图像分类的 CNN 模型。

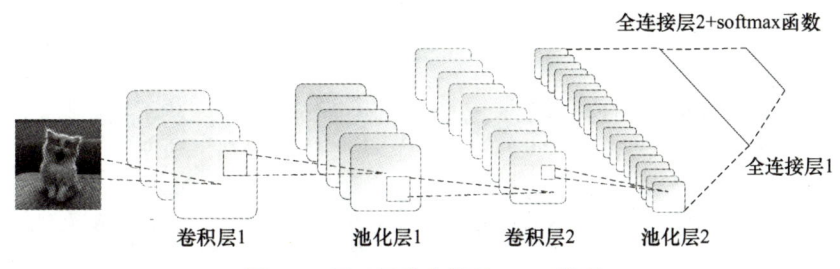

图 8-3 用于图像分类的 CNN 模型

以在图像上做卷积操作为例,将图像进行预处理操作后,可以得到图像上所有的像素值矩阵。将其作为输入后,使用卷积核(Kernel)进行像素值矩阵采样。该过程的原理就是使用定义好大小的卷积核矩阵和采集的像素值矩阵做内积,得到新的特征图。如果是 RGB 图像,则每个卷积核都需要有 3 个通道,以对应图像的 RGB 3 个值。图 8-4 为卷积操作层计算过程,卷积的输入为 5×5 大小的矩阵,由于卷积核的大小为 3×3,步长为 2,因此在输入层四周加了一层值为 0 的填充层(Padding),以使原图信息不丢弃,让更深层的网络依然能够接收到足够多的特征信息。填充层的值之所以都为 0,是为了不给原本的输入信息增加噪声干扰因素。

池化层也是 CNN 必不可少的一部分,这种操作本质上是一种下采样过程,即对卷积采集的矩阵张量进行缩小操作。假设池化层为 2×2 的矩阵,那么就将矩阵的每 4 个元素变成一个元素;3×3 的池化同理。池化的方法主要有最大池化(Max Pooling)、平均池化(Average Pooling)、重叠池化(Overlapping Pooling)和空金字塔池化(Spatial Pyramid Pooling)等。其中,最常见的是最大池化,最大池化将卷积后的特征图划分为若干个矩阵块,对每个矩阵块中的数值取最大值并输出。最大池化不仅减少了数据计算量,而且在一定程度上减小了过拟合的风险。图 8-5 展示了步长(Stride)为 2 的平均池化和最大池化的计算过程。

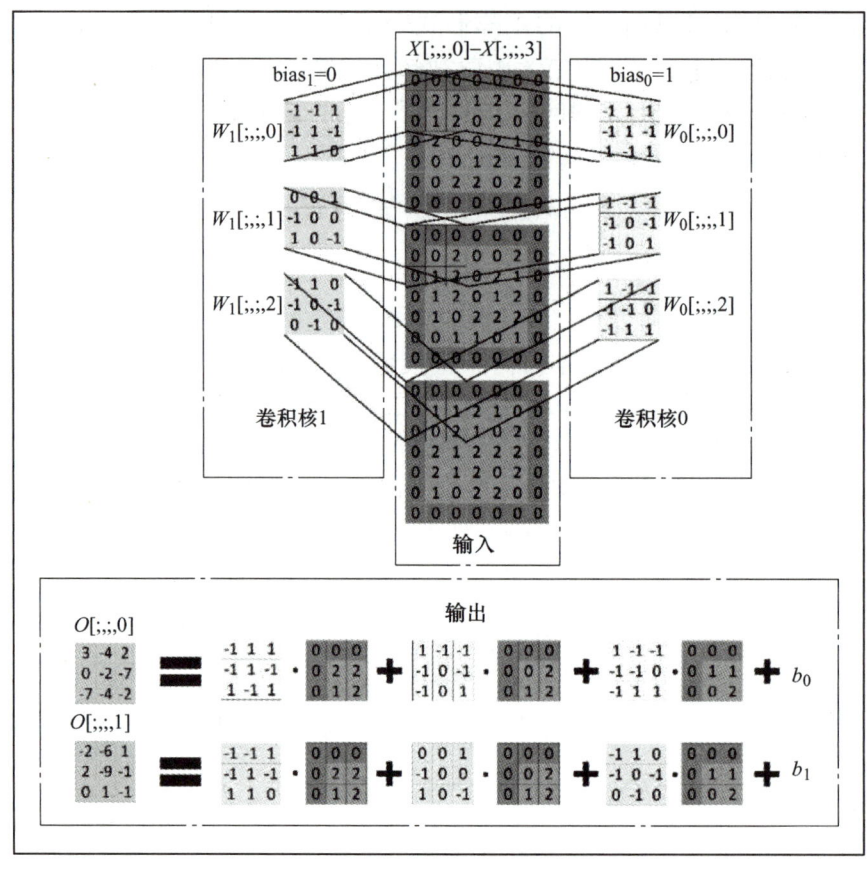

图 8-4 卷积层计算过程

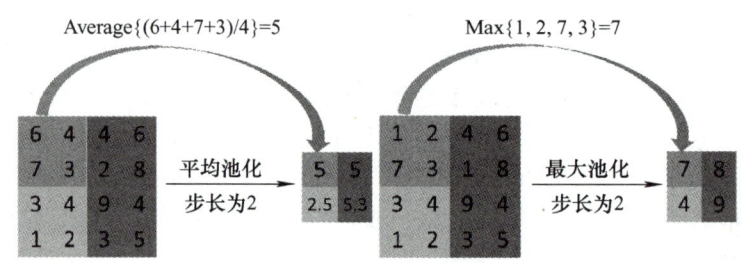

图 8-5 步长为 2 的平均池化和最大池化的计算过程

激活函数在 CNN 中有着举足轻重的作用。在 CNN 中加入激活函数，不仅能够降低神经网络模型过拟合的风险，还能够帮助网络解决除了二分类以外的一些多分类问题。常见的激活函数有 Sigmoid、tanh 和 ReLU 等。激活函数引入非线性因素，解决了线性方程难以解决复杂函数的问题，降低了使用 CNN 模型解决图像识别、语音识别等工程问题的难度。常见的激活函数如表 8-1 所示。其中，tanh 函数解决了 Logistic 函数不关于零点对称的问题；ReLU 函数相较于 Logistic 函数，能够使得网络参数优化器更加快速地收敛，大大降低了梯度消失的概率；SoftPlus 函数则是 ReLU 函数的平滑版本。

表 8-1 常见的激活函数

名称	函数	导数
tanh 函数	$f(x) = \dfrac{e^x - e^{-x}}{e^x + e^{-x}}$	$f'(x) = 1 - f^2(x)$
ReLU 函数	$f(x) = \max(0, x)$	$f'(x) = I(x > 0)$
SoftPlus 函数	$f(x) = \log(1 + e^x)$	$f'(x) = \dfrac{1}{1 + e^{-x}}$

8.2.3 循环神经网络

循环神经网络（Recurrent Neural Network，RNN）主要用于处理具有时间序列的一些数据，如文本、语音、带时间戳的图像数据等。由于 DNN 和 CNN 每层节点是没有连接的，因此在处理类似文本这种序列数据时不能向上关联文本，只能向下预测文本；RNN 则采用记忆参数来连接隐藏节点，能够使得前一帧或前几帧的信息作用于后面的节点输出，从而达到记忆以前序列信息的能力。

图 8-6 展示的是一个经典的 RNN 按时间展开的模型。整个模型除了输入单元以外还有记忆单元，它们的权值参数 W 和 b 是共享的，通过 $t-1$ 时刻的输入单元与记忆单元相加，得到 t 时刻的记忆单元，加上 t 时刻的输入单元，使得 RNN 上下时刻的信息得到共享。其具体的计算公式如下：

$$h_t = f_W(h_{t-1}, x_t) \tag{8-8}$$

$$h_t = \tanh(W_{hh} h_{t-1} + W_{xh} x_t) \tag{8-9}$$

$$O_t = W_{hy} h_t \tag{8-10}$$

式中，W_{hh} 为记忆单元的权值；W_{xh} 为输入单元的权值；x_t 为输入信息；h_{t-1} 为 $t-1$ 时刻的记忆单元；h_t 为 $t-1$ 时刻记忆单元和输入层累计得到的输出单元，同时也是 t 时刻的记忆单元，h_t 中包含了 $t-1$ 时刻的部分特征信息。

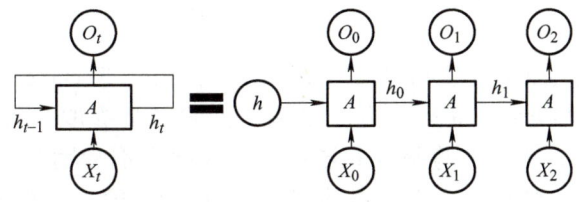

图 8-6 经典的 RNN 按时间展开的模型

8.3 人脸识别

1. 人脸识别定义

随着人工智能、物联网等前沿技术的迅速发展，智能时代已悄然到来，"刷脸"逐渐成为新的风潮。在人脸识别技术商业化应用领域不断扩张的趋势下,"刷脸"办事愈发常见。人脸识别是基于人的脸部特征信息进行身份识别的一种生物识别技术,是用摄像机或摄像头采集含有人脸的图像或视频流,并自动在图像中检测和跟踪人脸,进而对检测到的人脸进行脸部识别的一系列相关技术,通常也称为人像识别、面部识别。

2. 人脸识别过程

人脸识别过程主要包括人脸检测、人脸特征提取、特征比对和识别结果输出,如图 8-7 所示。其中,人脸检测是给定一个图像,若在图像中检测到人脸,则给出人脸的位置、大小等状态信息;人脸特征提取是将显示控件的图像映射到机器空间的过程;特征比对是将待识别的人脸与已知人脸进行比较,得到相似程度的相关信息。最后程序将输出人脸识别结果。

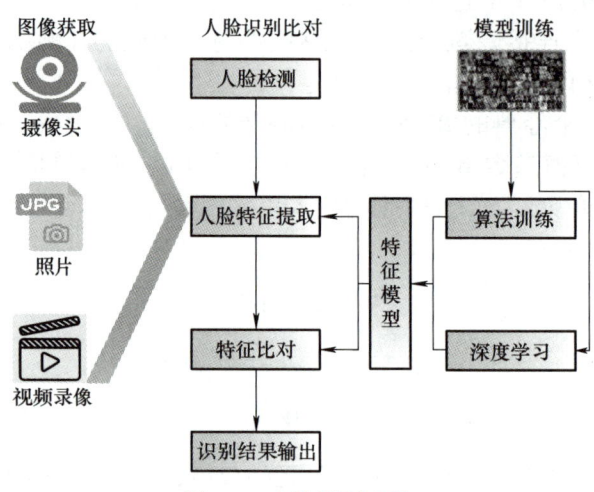

图 8-7 人脸识别过程

8.4 自己动手练之人脸识别

本实践将介绍华为云人脸识别服务(Face Recognition Service,FRS)接口的使用过程。利用华为云提供的 FRS 可完成:人脸检测、人脸特征提取、人脸匹配等人脸识别几个主要的功能,完成很多需要人脸服务的场景,如人脸识别考勤、人脸识别签到、人脸门禁开锁等。其人脸检测算法使用二分类技术将图片切割成小块,通过人脸分类器判断是否为人脸。其人脸特征提取算法利用深度学习模型中的卷积神经网络(CNN)提取人脸特征向量,通过损失函数优化模型性能。其人脸比对将提取的特征与数据库中的人脸特征进行比对,完成身份验证。

1. 环境配置

在使用 FRS 之前首先需要配置软件开发环境 Python3,安装基于 Python 开发环境的 FRS 功能包。

（1）软件开发环境 Python3 安装　选择 Python3.6 版本，下载网址：https://www.python.org/downloads/。

（2）程序包安装　安装华为云人脸识别服务包及 requests、opencv、numpy 和 pillow 等工作库。

1）frs-python-sdk--2.0.0。sdk 下载网址：https://support.huaweicloud.com/sdkreference-face/face_04_0006.html。解压缩并进入文件夹，编译安装命令：python3 setup.py install。（注：不能包含中文路径，运行编译命令前应给予 sudo bash 权限。）

2）requests--2.24.0。安装命令：pip3 install requests。

3）opencv-python--4.2.0.34。安装命令：pip3 install opencv-python。

4）numpy--1.19.0。安装命令：pip3 install numpy。

5）pillow--7.1.2。安装命令：pip3 install pillow。

2. 数据集及代码获取——使用华为云人脸识别功能

1）通过华为官网：https://id1.cloud.huawei.com/，完成如图 8-8 所示华为账号注册。

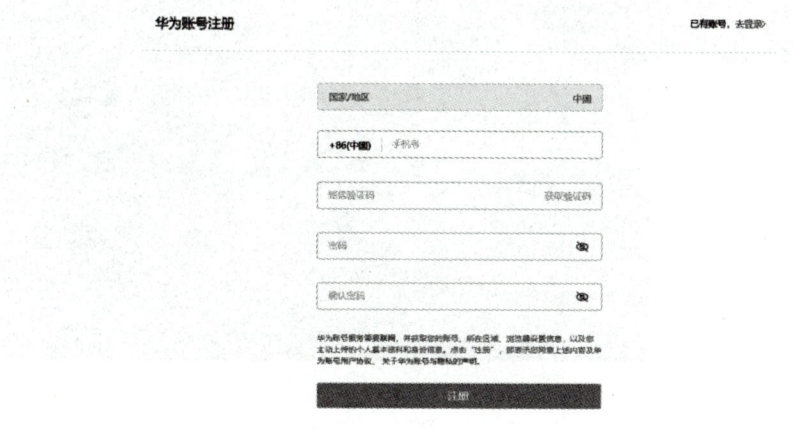

图 8-8　华为账号注册界面

2）登录如图 8-9 所示的华为云人脸识别管理控制台开通服务。

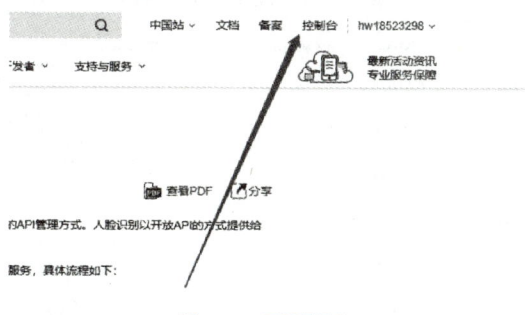

图 8-9　开通服务

3）控制台地区修改为"华北–北京四"，如图 8-10 所示。

图 8-10 修改地区

4）搜索如图 8-11 所示人脸识别，找到人脸识别服务 FRS。

图 8-11 搜索人脸识别

5）如图 8-12 所示，开通人脸识别相关的四个服务：人脸检测、人脸比对、人脸搜索和活体检测。

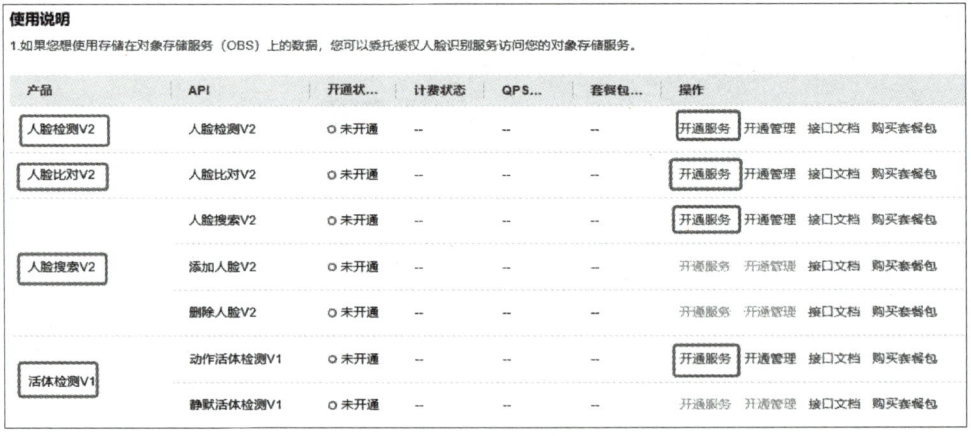

图 8-12 开通人脸识别相关的四个服务

6）如图 8-13 所示，开通 OBS 对象存储服务并选择授权。

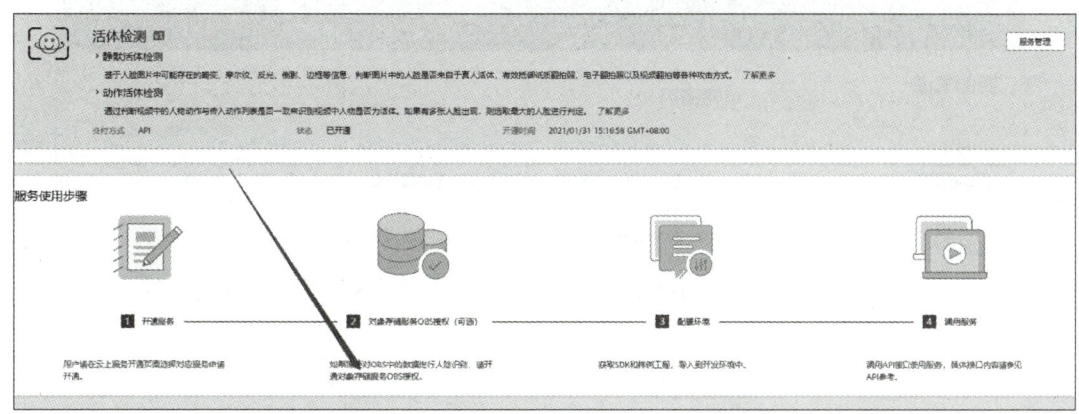

图 8-13　开通 OBS 对象存储服务并选择授权

7）获取 AK/SK。如图 8-14 和图 8-15 所示，登录"我的凭证"界面，选择"访问密钥→新增访问密钥"来获取身份认证的密钥对（AK/SK）。AK 是指公开的标识符，用于识别请求者的身份；SK 是指必须保密的密钥，用于生成签名以验证请求的合法性。客户端在请求时携带 AK，并使用 SK 对请求内容进行加密生成签名（Signature），服务端根据 AK 查找对应的 SK，重新计算签名并与客户端提供的签名进行比对。如果一致，则认证通过。

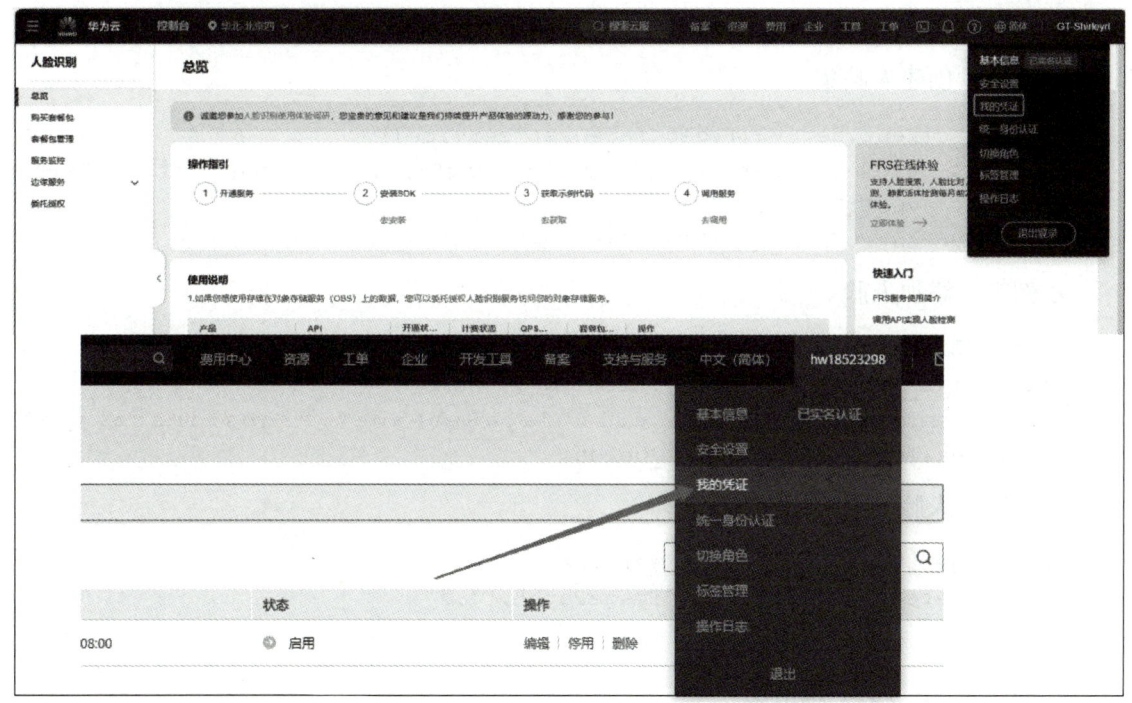

图 8-14　获取 AK/SK

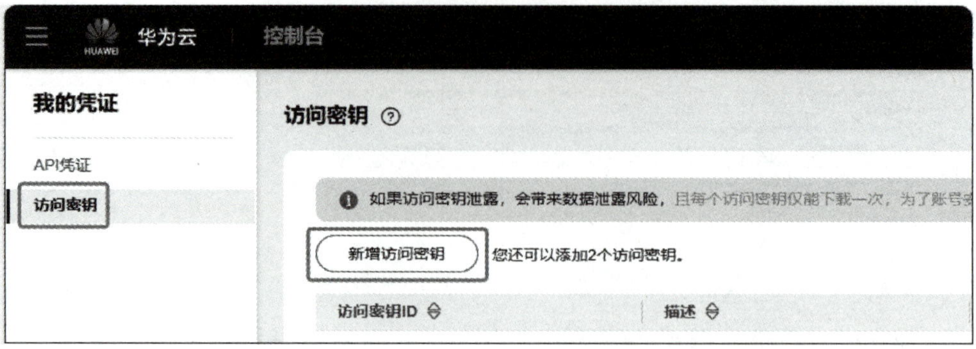

图 8-15　访问秘钥

3. 程序运行

示例一：构造服务客户端，将其中 ak、sk、project id 替换为自己的项目信息。

```
ak="ak"
sk="sk"
# 人脸识别服务的地区与终端节点，默认华北－北京四
endpoint="https://face.cn-north-4.myhuaweicloud.com"
# 项目名称
region="cn-north-4"
# 项目 ID
project_id="project_id"
```

示例二：创建人脸集。

```
fss=frs_client.get_v2().get_face_set_service()
external_fields={"timestamp":{"type":"long"},"id":{"type":"string"},"number":{"type":"integer"}}
ret=fss.create_face_set("faceSetName", 10000, external_fields)
```

示例三：添加人脸。

```
fs=frsClient.get_v2().get_face_service()
external_fields={"timestamp": 12,"id": "home"}
res=fs.add_face_by_obs_url("faceSetName","/obs/image.jpg", "externalImageId",external_fields)
```

示例四：人脸检测。

```
ds=frs.get_v2().get_detect_service()
res=ds.detect_face_by_file("imagePath","1,2")
```

4. 运行结果

如图 8-16 所示为人脸识别。

图 8-16　人脸识别——验证人脸（摄像头）

8.5　物品识别

1. 物品识别定义

物品识别是图像识别的一种。图像识别是通过提取目标物品的特征信息，对特征信息进行比对，输出目标识别结果的过程。这一过程始于 1966 年夏天，人工智能之父 Minsky 给学生布置了一个暑假作业：要求学生通过编写一个程序，让计算机告诉人们它通过摄像头看到了什么。

在 20 世纪 70～80 年代，研究人员采用"先验知识库"的方法对图像的颜色、形状、表面纹理等进行总结，推出摄像头采集到的图片是何物。但这套方法所能够提取到的特征较少、较为粗糙，无法做到准确、大范围的识别，只能用在某些光学字符识别、工件识别、显微/航空图片的识别等，如图 8-17 所示。

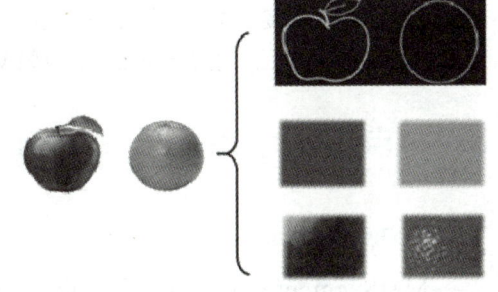

图 8-17　物品识别

在 20 世纪 90 年代，硬件技术有了突破性的发展，研究人员也开始尝试不同的算法。其中，统计法和局部特征描述法的引入使得图像在识别过程中有了更多的比对条件，通过对局部特征的采集，建立局部特征索引，一定程度上降低了由于环境及角度造成的问题，提高了图像识别技术的准确度。进入 21 世纪后，互联网开始兴起，随着海量数据以及硬件传感器的不断发展进步，机器学习有了巨大的发展优势，机器从海量的数据中学习，归纳总结每种图像对应的特征，不断提高机器对图像的识别精度。

2. 物品识别过程

YOLOv3 是由 Joseph Redmon 等人在 2018 年改进的 YOLO（You Only Look Once）算法的第 3 版。YOLOv3 物品识别主要包括训练数据集和图像识别两个过程。训练数据集主要是预先对所要检测的目标进行拍摄采集，并对所采集的图片进行标注处理，处理结果作为训练模型需要的数据集。在训练模型前，要先对配置文件进行修改，主要是修改 filters 和 classes 参数以及其他文件信息。在 Darknet 训练框架下，该框架会在训练过程中通过更改图像的大小、曝光率、饱和度等图像信息来对目标标注图片进行修改，以达到更好的识别。

8.6 语义分割

1. 语义分割定义

语义分割是指将图片中的每个像素分配到对应的类别。传统语义分割方法通过提取图像阈值、区域、边缘等形态学的方式实现对图像中不同物体的分割。相比传统图像分割方法，基于深度学习的图像语义分割技术具有显著优势，不仅能够充分地挖掘图像所蕴含的像素特征，也可以利用图像自身的场景和高级语义特征推理出图像所表达的信息，在准确性和效率方面，它大幅超越了传统方法。语义分割重点关注于如何将图像分割成属于不同语义类别的区域，其语义区域的标注和预测是像素级的。

2. 语义分割过程

语义分割的目标是为图像中的每个像素分配一个语义标签，以指示它属于哪个类别。以下是语义分割的基本过程。

1）特征提取：通过卷积神经网络（CNN）对输入图像进行特征提取。常见的网络结构包括 AlexNet、VGG、GoogLeNet 和 ResNet 等。

2）下采样和上采样：特征提取后，通常会对特征图进行下采样以减少计算量，然后再通过上采样恢复图像的分辨率。这一过程通常使用反卷积或线性插值等方法。

3）像素分类：通过 Softmax 函数对每个像素进行分类，确定其所属的类别。

8.7 自己动手练之语义分割

1. 环境配置

MMSegmentation 适用于 Linux、Windows 和 macOS 操作系统。它需要使用 Python 3.7+、CUDA 10.2+ 和 PyTorch 1.8+ 等编程语言。

注意： 如果计算机已安装了 PyTorch，可直接跳至步骤 4）。否则，需按照以下步骤进行准备。

1）从官方网站（https://www.anaconda.com/docs/main）下载并安装 Miniconda。

2）创建一个 conda 环境并激活它。

```
conda create--name openmmlab python=3.8-y
conda activate openmmlab
```

3）按照官方网站（https://pytorch.org/get-started/locally/）说明，安装 PyTorch 软件，例如：

```
conda install pytorch torchvision-c pytorch
```

4）使用 MIM https://github.com/open-mmlab/mim 安装 MMCV 程序（https://github.com/open-mmlab/mmcv）。

```
pip install-U openmim
mim install mmengine
mim install "mmcv>=2.0.0"
```

5）安装 MMSegmentation。如果直接开发并运行 mmseg，请从源代码安装：

```
git clone-b main https://github.com/open-mmlab/mmsegmentation.git
cd mmsegmentation
pip install-v-e
```

2. 数据集及代码获取

1）MMSegmentation 源代码在 github 上的网址为 https://github.com/open-mmlab/mmsegmentation。如图 8-18 所示为 MMSegmentation 下载网址。

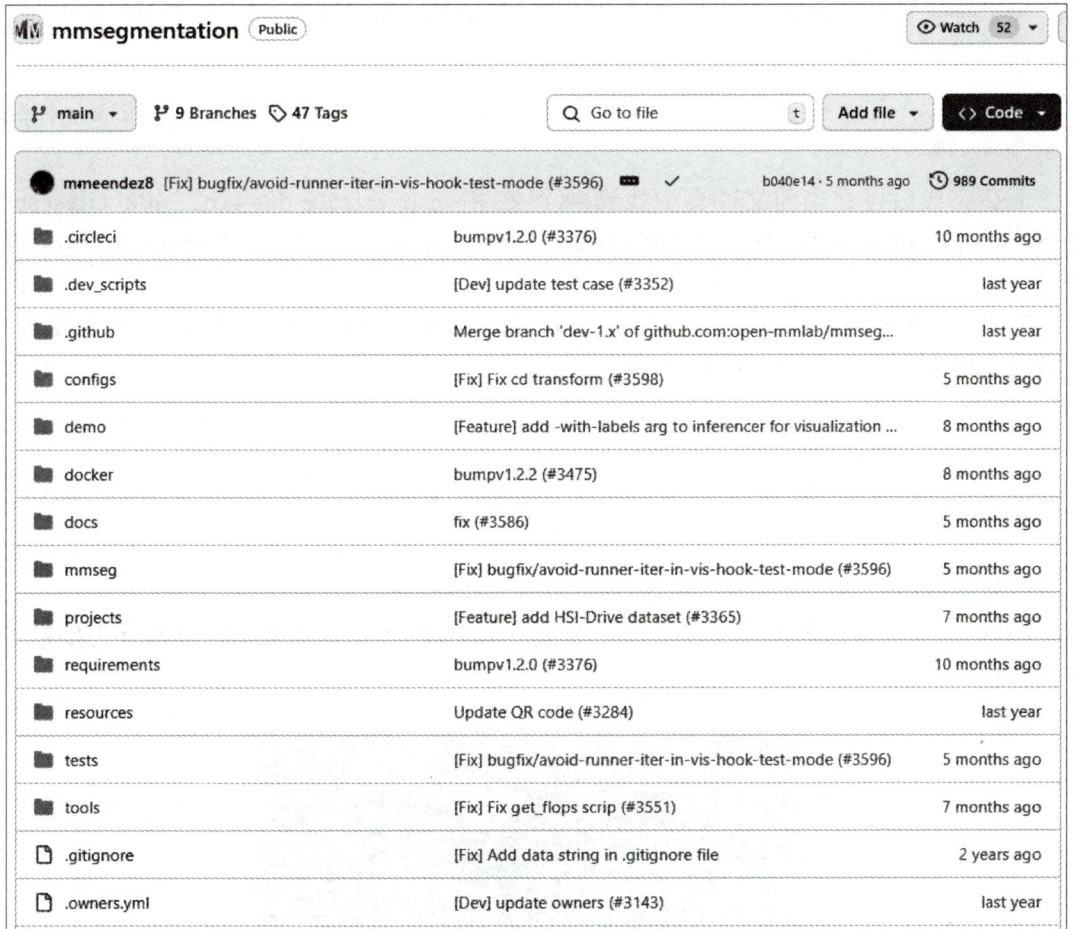

图 8-18　MMSegmentation 下载网址

2）Cityscapes 数据集下载网址为 https://www.cityscapes-dataset.com/，如图 8-19 所示为 Cityscapes 下载网址。

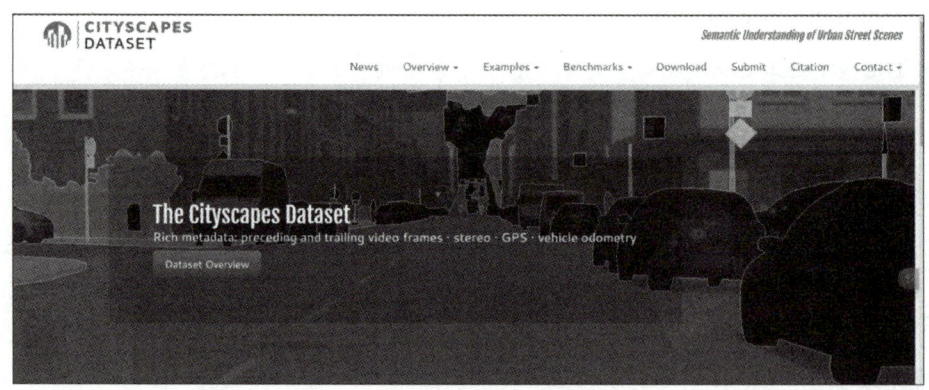

图 8-19　Cityscapes 下载网址

3. 程序运行

为了验证 MMSegmentation 是否正确安装，我们提供了一些示例代码来运行推理演示。

1）下载配置和检查文件。

```
mim download mmsegmentation--config pspnet_r50-d8_4xb2-40k_cityscapes-
   512x1024--dest
```

下载完成后可在当前文件夹中找到两个文件：pspnet_r50-d8_4xb2-40k_cityscapes-512x1024.py 和 pspnet_r50-d8_512x1024_40k_cityscapes_20200605_003338-2966598c.pth。

2）验证推理演示。如果从源代码安装 MMSegmentation，只需运行以下命令即可，在当前文件夹将会生成新的图像 result.jpg。

```
python demo/image_demo.py demo/demo.png configs/pspnet/pspnet_r50-
   d8_4xb2-40k_cityscapes-512x1024.py
pspnet_r50-d8_512x1024_40k_cityscapes_20200605_003338-2966598c.pth--
   device cuda:0--out-file result.jpg
```

4. 结果展示

如图 8-20 所示即为语义分割效果。从图中可以看出每个像素点均按照其类别赋予不同的颜色。

图 8-20　语义分割效果

第 9 章

自然语言处理

9.1 自然语言处理概述

自然语言处理是计算机科学和人工智能领域的重要研究方向之一,旨在实现人与计算机之间通过自然语言进行有效交流的理论与方法。该领域综合了语言学、计算机科学、机器学习、数学、认知心理学等多学科内容,涉及处理从单个字、词、短语到完整句子、段落、篇章等多种语言单位,以及在不同层面上处理、理解和生成文本的知识点。其研究内容包括多个领域,涵盖的知识点广泛而复杂。

自 20 世纪 90 年代以来,自然语言处理取得了迅猛的发展,各种任务、算法和研究范式层出不穷,在搜索引擎、医疗、金融、教育、司法等众多领域展现出重要作用。自然语言处理技术被广泛应用于语音识别、机器翻译、文本分类、情感分析等任务,推动了许多领域的创新和发展。

9.1.1 自然语言处理的基本概念

语言是人类与其他动物最重要的区别,人类的多种智能也与此密切相关。逻辑思维以语言的形式表达,大量的知识也以文字的形式记录和传播。如今,互联网上已经拥有数万亿以上的网页资源,其中大部分信息是以自然语言描述的。因此,如果人工智能想要获取知识,就必须懂得如何理解人类使用的不太精确、可能有歧义、混乱的语言。

自然语言处理目标就是实现人机之间的有效通信,这意味着要使计算机能够理解自然语言的意义,也能以自然语言文本来表达给定的意图、思想等。前者称为自然语言理解(Natural Language Understanding,NLU),后者称为自然语言生成(Natural Language Generation,NLG)。需要说明的是,自然语言处理、自然语言理解以及计算语言学这些概念并没有严格统一的定义。无论是自然语言理解还是自然语言生成,目前都是开放性问题(Open Problem),通用的高精度、高鲁棒自然语言处理系统还没有解决方案,仍然需要长期研究。但是,针对特定领域的应用,很多具有自然语言处理能力的系统已经有产业化应用,如智能客服系统、机器翻译系统、语音助手、电子邮件筛选、新闻写作、智慧教育、司法辅助等。

9.1.2 自然语言处理的主要研究内容

自然语言处理的研究内容十分庞杂，整体上可以分为基础算法研究和应用算法研究。应用算法研究包括文本分类、情感分析、机器翻译和问答系统等。基础算法研究可以细分为自然语言理解和自然语言生成。从语言单位角度看，它涵盖了字、词、短语、句子、段落以及篇章等不同粒度；从语言学研究角度看，则涉及形态学、语法学、语义学、语用学等不同层面。此外，由于目前绝大多数自然语言处理算法采用基于机器学习的方法，针对特定的自然语言处理任务，以有监督、无监督、半监督、强化学习等不同的机器学习算法为基础进行构建。因此，自然语言处理研究又与机器学习和语言学研究交织在一起，使得自然语言处理的研究内容涉及范围广，学科交叉度大。

自然语言处理研究与语言学密切相关，语言学研究可以划分为形态学（Morphology）、语法学（Syntax）、语义学（Semantics）、语用学（Pragmatics）等几个层面。其中，形态学主要研究单词的内部结构和构成方式；语法学主要研究句子、短语以及词等语法单位的语言结构与语法意义的规律；语义学主要研究语言的意义，目标是发现和阐述关于意义的知识；语用学是从使用者的角度研究语言，研究在一定的上下文环境下的语言如何理解和使用。在实际任务中，上述几个层面的问题往往相互关联，并不能完全独立。语法结构的分析需要词汇形态学的支撑，语法结构也影响着词汇的形态，语法结构和语义也是相互交织，而下上文环境又对语义有重要的影响，因此很多自然语言处理任务并不是完全独立的。但是，为了简化任务处理难度，通常处理不同层面的任务时，仍然将这几个方面独立考虑。从自然语言处理研究内容的难度来看，形态、语法、语义到语用是逐层递增的。目前基于机器学习和深度学习的自然语言处理算法处理主要集中在形态、语法以及语义这3个层面，基于目前的处理框架，部分语义层面的任务仍较难突破，语用层面的任务难度更大，在该层面的研究相对较少。从语言单元粒度和语言学研究层次两个维度对自然语言处理的主要研究内容进行归类，如图9-1所示。

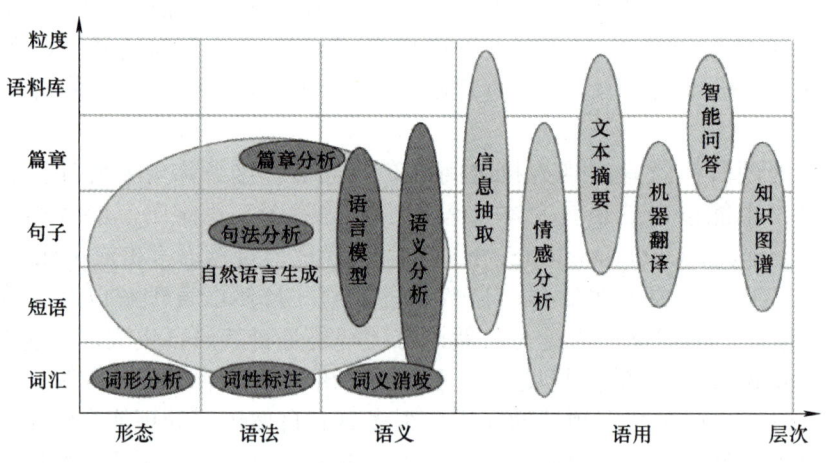

图 9-1 自然语言处理主要研究内容

自然语言处理在词汇粒度下的研究内容主要包括词形分析、词性标注、词义消歧，分别针对单词的形态、语法、语义开展研究。句法分析则主要针对句子根据语法进行结构分析。篇章分析的核心是对篇章的连贯性和衔接性进行分析，涉及篇章级别语法结构，同时也包含部分语义的内容。语义分析则涉及从词汇、短语、句子到篇章等各个粒度。语言模型（Language Model）主要聚焦于句子粒度，但是也包含部分短语和篇章级别的研究。以上研究内容主要围绕自然语言理解的基础问题开展。自然语言生成则主要研究利用常识、逻辑和语法等知识自动生成文本，涉及形态、语法和语义层面，同时也涵盖从短语到篇章多个粒度。在自然语言处理基础研究内容之上，信息抽取、情感分析、文本摘要、机器翻译、智能问答等任务则围绕自然语言处理的应用开展，所处理的语言单元也根据任务特性而不尽相同。

整体上来看，自然语言处理的主要研究内容围绕语言学基础理论，在形态、语法以及语义等层面开展自然语言理解基础算法和自然语言生成基础算法研究。在此基础上，围绕自然语言处理的重要应用场景开展一系列的应用技术研究。这些研究内容也已经深度应用于信息检索、虚拟助理、推荐系统、量化交易、智能问诊、精准医疗等众多系统中。

9.1.3 自然语言处理的基本范式

自然语言处理的发展经历了从理性主义到经验主义，再到深度学习 3 个大的历史阶段，它在发展过程中也逐渐形成了一定的范式，主要包括基于规则的方法、基于机器学习的方法以及基于深度学习的方法。这 3 种范式也基本对应了自然语言处理的不同发展阶段的重点。需要特别说明的是，虽然以上 3 种范式来源于自然语言处理的不同发展阶段，有明显的发展先后顺序，并且在大部分自然语言处理任务的标准评测集合中基于深度学习的方法好于基于机器学习的方法，更优于基于规则的方法，但是这 3 种范式各有利弊，在实际应用中需要根据任务的特点、计算量、可控制性以及可解释性等具体情况进行选择。

上述 3 种范式虽然有很大的不同，但有一个相同点，即需要针对特定任务进行构建。面向不同的任务，按照不同的范式构建数据、模型等不同方面，所得到的算法或者系统仅能够处理特定的任务。在机器学习和深度学习范式下，甚至对模型预测目标进行微小修正，通常都需要对模型进行重新训练。对于未知任务的零样本学习（Zero-shot Learning）能力，则很少在上述范式中进行讨论和研究。基于机器学习和深度学习范式也很难实现模型对未知任务的泛化。2022 年 11 月，随着 ChatGPT 的发布，大模型所展现出来的文本生成能力以及对未知任务的泛化能力使得未来的自然语言处理的研究范式很可能发生非常大的变化。

1. 基于规则的方法

基于规则的方法的主要思想是通过词汇、形式文法等制定的规则引入语言学知识，从而完成相应的自然语言处理任务。这类方法在自然语言处理早期受到了很大的关注，包括机器翻译在内的很多自然语言处理任务都采用此类方法，甚至目前仍有很多系统还在使用基于规则的方法。基于规则的方法的基本流程如图 9-2 所示，主要包含数据构建、规则构建、规则使用和效果评价 4 个部分。

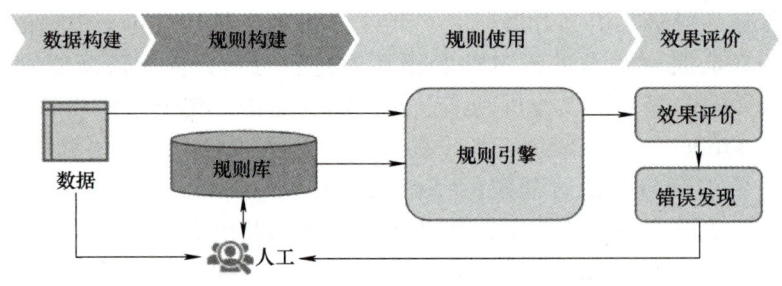

图 9-2 基于规则的方法的基本流程

基于规则的方法的核心是规则形式定义，其目标是使语言学家在不了解计算机程序设计的情况下，能够容易地将知识转换为规则。这就要求规则描述要具有足够的灵活性并易于使用和理解。规则引擎的目标是高效地解析这些人工定义的大量规则，针对输入数据根据规则库进行解释执行，从而完成特定任务。这种方式可以使得语言学家不需要编写代码就可以完成规则库构建。常见的规则包括产生式、框架、自动机、谓词逻辑、语义网等形式。例如，产生式规则以 IF-THEN 形式构造，表示如果满足条件，则执行相应的语义动作。举例来说，对于机器翻译任务，可以构造如下规则库：

IF 源语言主语 = 我 THEN 英语译文主语 =I IF 英语译文主语 =I THEN 英语译文 be 动词为 am/was IF 源语言 = 苹果 AND 没有修饰量词 THEN 英语译文 =apples

条件判断中也可以结合正则表达式，增强规则的泛化能力。再如，可以根据英语的词典构造有限状态自动机（Finite State Automaton，FSA），进行英语单词的拼写检查。除此之外，非确定有限状态自动机（Nondeterministic Finite Automaton，NFA）、有限状态转录机（Finite State Transducers，FST）还广泛应用于词法分析、词性标注、句法分析、机器翻译等众多方面。

基于规则的方法从某种程度上可以说是在试图模拟人类完成某个任务时的思维过程。这类方法的主要优点是直观、可解释、不依赖大规模数据。利用规则所表达出来的语言知识具有一定的可读性，不同的人之间可以相互理解。规则分析引擎通过规则库所得到的分析结果，也具有很好的解释性。规则库的构造能够完全不依赖于大规模的有标注数据，可以仅根据人类背景知识进行构建。但是，基于规则的方法也有明显的缺点，主要包括覆盖率差、大规模规则构建代价大、难度高等。人工构建规则可以较为容易地处理常见现象，但是对于复杂的语言现象则难以描述。由于语言现象的复杂性，使得基于规则的方法整体覆盖率很难提升到非常高的程度。另外，规则库达到一定数量之后维护困难，新增加的规则与已有规则也容易发生冲突。不同人对于同一问题的解决思路的不同，也造成了大规模规则库中规则的不一致性，从而使得维护难度进一步提高。

2. 基于机器学习的方法

基于机器学习的方法中，绝大部分采用有监督分类算法，将自然语言处理任务转换为某种分类任务，在此基础上根据任务特性构建特征表示，并构建大规模的有标注语料，完成模型训练。其基本流程如图 9-3 所示，通常分为 4 个步骤：数据构建、数据预处理、特征构建以及模型学习。

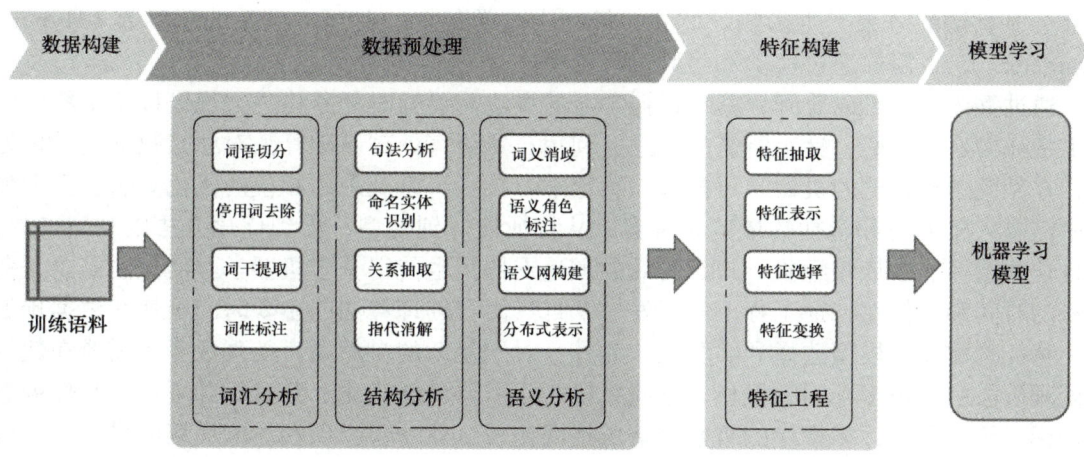

图 9-3　基于机器学习的方法的基本流程

1）数据构建阶段的主要工作是针对任务的要求构建训练语料。包含大规模电子文本的数据库称为语料库（Corpus）。随着自然语言处理研究的不断发展，很多任务已有公开的基准测试集合（Benchmark），可以方便地用来进行模型训练以及模型之间的横向对比；针对没有公开数据的任务，也可以采用人工标注方法构建训练语料。

2）数据预处理阶段的主要工作是利用自然语言处理基础算法对输入的原始数据，从词汇、结构、语义等层面进行处理，为特征构建提供基础。根据所处理语言和针对任务的不同，采用不同的模块和流程。对于汉语通常需要进行分词，对于英语通常需要进行词干提取和单词的规范化。在此之后，根据特征构建的需求，还可能需要进行词性标注、句法分析、语义角色标注等。

3）特征构建阶段的主要工作是针对不同任务从原始输入、词性标注、句法分析、语义分析等结果和数据中提取对于机器学习模型有用的特征。例如，针对属性级情感倾向分析任务，需要根据目标属性，从句法分析结果提取该属性在对应句子中的评价词等信息。特征定义一般由人工完成，根据经验选取适合的特征，这项工作又被称为特征工程（Feature Engineering）。由于针对自然语言任务构建的特征通常维数非常高又非常稀疏，因此还会利用特征选择算法降低特征维度。也可以通过特征变换，根据人工设计的准则进行有效特征提取，如主成分分析、线性判别分析、独立成分分析等。

4）模型学习阶段的主要工作是根据任务选择合适的机器学习模型，确定学习准则，采用相应的优化算法，利用语料库训练模型参数。机器学习模型有很多类型，从不同的维度可以分为分类模型、回归模型、排序模型、生成式模型、判别式模型、有监督模型、无监督模型、半监督模型、弱监督模型等，需要根据任务的目标以及特性选择适合的模型。学习准则是机器学习模型中的重要因素，包括 0-1 损失函数（0-1 Loss Function）、平方损失函数（Quadratic Loss Function）、交叉熵损失函数（Cross-Entropy Loss Function）、Hinge 损失函数（Hinge Loss Function）等。针对所选择的模型和学习准则，需要选择相应的优化算法，包括梯度下降算法（Gradient Descent Method）、牛顿算法（Newton Method）、拟牛顿算法（Quasi Newton Method）、随机梯度下降（Stochastic Gradient Descent，SGD）算法等。机器学习三要素，即模型、学习准则和优化算法的选择都会对算法的效果产生影响。此外，模型中通常包含一些可以调整的超参数（Hyper-parameters），也需要通过实验和经验进行选择。

通过整体流程可以看到，基于机器学习的方法需要针对任务构建大规模训练语料，以人工特征构建为核心，针对所需的信息，利用自然语言处理基础算法对原始数据进行预处理，并需要选择合适的机器学习模型，确定学习准则，以及采用相应的优化算法。整个流程中需要人工参与和选择的环节非常多，从特征设计到模型，再到优化方法以及超参数，并且这些选择非常依赖经验，缺乏有效的理论支持，也使得基于机器学习的方法需要花费大量的时间和工作在特征工程上。开发一个自然语言处理算法的主要时间消耗在数据预处理、特征构建以及模型选择和实验上。此外，对于复杂的自然语言处理任务，需要在数据预处理阶段引入很多不同的模块，这些模块之间需要单独优化，其目标并不一定与任务总体目标一致。另外，多模块的级联会造成错误传播，前一步错误会影响后续的模型，这些问题都提高了基于机器学习的方法实际应用的难度。

3. 基于深度学习的方法

深度学习通过构建有一定"深度"的模型，将特征学习和预测模型融合，通过优化算法使模型自动地学习出好的特征表示，并基于此进行结果预测。基于深度学习的方法的基本流程如图9-4所示。与传统机器学习算法的流程相比，基于深度学习的方法的流程简化很多，通常仅包含数据构建、数据预处理和模型学习3个部分。同时，基于深度学习的方法在数据预处理方面也大幅度简化，仅包含非常少量的模块。甚至目前很多基于深度学习的方法可以完全省略数据预处理阶段，对于汉语直接使用汉字作为输入，不提前进行分词；对于英语，也可以省略单词的规范化步骤。

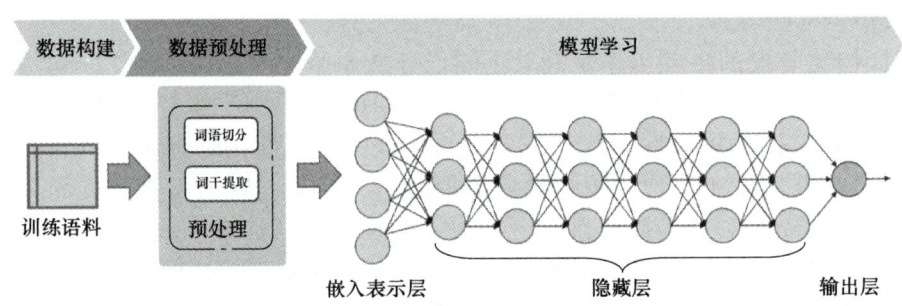

图 9-4　基于深度学习的方法的基本流程

深度学习是机器学习的一个子集，通过多层的特征转换，将原始数据转换为更抽象的表示。这些学习到的表示可以在一定程度上完全代替人工设计的特征，该过程也称为表示学习（Representation Learning）。与基于特征工程的方法通常所采用的离散稀疏表示不同，深度学习算法通常使用分布式表示（Distributed Representation），特征表示为低维稠密向量。分布式表示通常需要从底层特征开始，经过多次非线性变换得到。由于深层结构可以增加特征的重用性，从而使得表示能力指数级增加，因此表示学习的关键是构建具有一定深度的多层次特征表示。随着深度学习研究的不断深入和计算能力的快速发展，模型深度也从早期的5～10层增加到现在的数百层。随着模型深度的不断增加，其特征表示能力也不断增强，从而也使得深度学习模型中的预测部分更加简单，预测也更加容易。

自 2018 年 ELMo 模型提出之后，基于深度学习的自然语言处理范式又进一步演进为预训练微调范式。首先利用自监督任务对模型进行预训练，通过海量的语料学习到更为通用的语言表示；然后根据下游任务对预训练网络进行调整。这种预训练范式在绝大多数自然语言处理任务上表现非常出色。预训练模型在模型网络结构上可以采用 LSTM、Transformer 等具有较好序列建模能力的模型。预训练任务可以采用语言模型、掩码语言模型（Masked Language Model）、机器翻译等自监督或有监督方式，还可以引入知识图谱、多语言、多模态等扩展任务。自 2018 年以来，该方法已有非常多的相关研究，取得了非常好的效果，但仍然面临模型稳健性提升、模型可解释性等诸多问题。

4. 基于大模型的方法

大模型是大规模语言模型（Large Language Model）的简称。从 2018 年开始，以 BERT（Bidirectional Encoder Representations from Transformers）、GPT（Generative Pre-trained Transformer）为代表的预训练语言模型相继推出，在各种自然语言处理任务上都得到了非常好的效果。此后，语言模型的规模不断扩大，2020 年 Open AI 公司发布的 GPT-3 模型的规模达到了 1750 亿个参数，Google 公司发布的 PaLM 模型的参数量达到了 5400 亿个参数。这种参数量级的语言模型很难再延续此前针对不同的任务而使用的预训练微调范式。因此，研究人员开始探索使用提示词（Prompt）模式完成各类型自然语言处理任务。此后研究人员又提出了指令微调（Instruction Finetuning）方案，将大量各类型任务统一为生成式自然语言理解框架，并构造训练语料进行微调。2022 年 ChatGPT 所展现出来的通用任务理解能力和未知任务泛化能力，使得未来自然语言处理的研究范式可能进一步发生变化。如图 9-5 所示，基于大模型的方法的基本流程包括大规模语言模型构建、通用能力注入以及特定任务使用 3 个主要步骤。

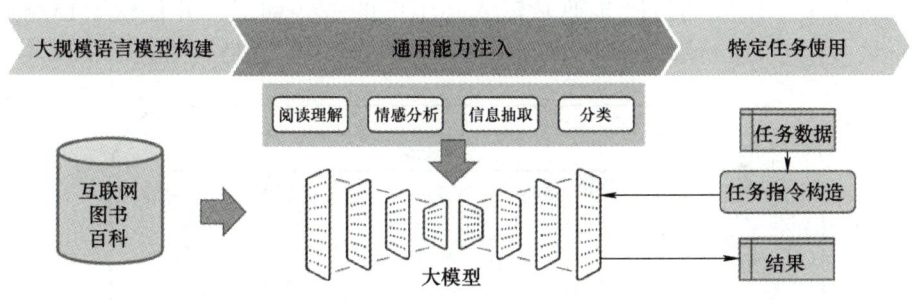

图 9-5　基于大模型的方法的基本流程

在大规模语言模型构建阶段，通过大量的文本内容，训练模型对长文本的建模能力，使得模型具有语言生成能力，并使得模型获得隐式的世界知识。由于模型参数量和训练数据量都十分庞大，普通的服务器单机无法完成训练过程，因此需要解决大模型的稳定分布式架构和训练问题。

在通用能力注入阶段，利用包括阅读理解、情感分析、信息抽取等现有任务的标注数据，结合人工设计的指令词对模型进行多任务训练，从而使得模型具有很好的任务泛化能力，能够通过指令完成未知任务。

特定任务使用阶段则变得非常简单，由于模型具备了通用任务能力，因此只需要根据任务需求设计任务指令，将任务中所需处理的文本内容与指令结合，就可以利用大模型得到所需结果。

如果该范式在非常多的任务上达到了目前基于预训练微调范式的结果，那么该范式会使得自然语言处理产生质的飞跃，突破传统自然语言处理需要针对不同任务进行设计和训练的瓶颈，任务可以不需要预先给定，仅依赖很少的任务特定标注数据，或者完全不依赖任何任务的有监督数据就可以得到相应结果。当然，这种方法也仅仅是刚刚展露出一定的希望，当前使用该范式的大模型在绝大部分任务上所得到的效果仍然与预训练微调范式有很大差距，模型参数量太大导致训练和使用成本过高等问题都亟待研究解决。

9.2 语言模型

语言模型是自然语言处理领域的关键组件，它们通过统计方法来表征语言中词汇的分布规律。语言模型的目的是预测文本序列中每个词出现的概率，从而评估一个句子或一组词汇串联起来的合理性。在自然语言处理中，通过训练大量文本数据，语言模型能够学习到语言的统计特性，并用这些知识来生成或识别自然语言文本。其涉及的神经网络模型具体如下。

1. BERT

BERT 是一种基于 Transformer 编码器的预训练语言模型，由 Google 公司在 2018 年提出。图 9-6 所示是 BERT 模型结构，通过双向训练的方式捕捉词汇在文本中的上下文关系，无论词汇是作为预测目标还是作为上下文信息。BERT 在预训练阶段使用了两种任务：掩码语言模型（Masked Language Model，MLM）和下一句预测（Next Sentence Prediction，NSP）。MLM 通过随机遮蔽输入句子中的一些词汇，并让模型预测这些遮蔽词汇，从而学习词汇的上下文表示；NSP 则用于判断两个句子是否为连续的文本。

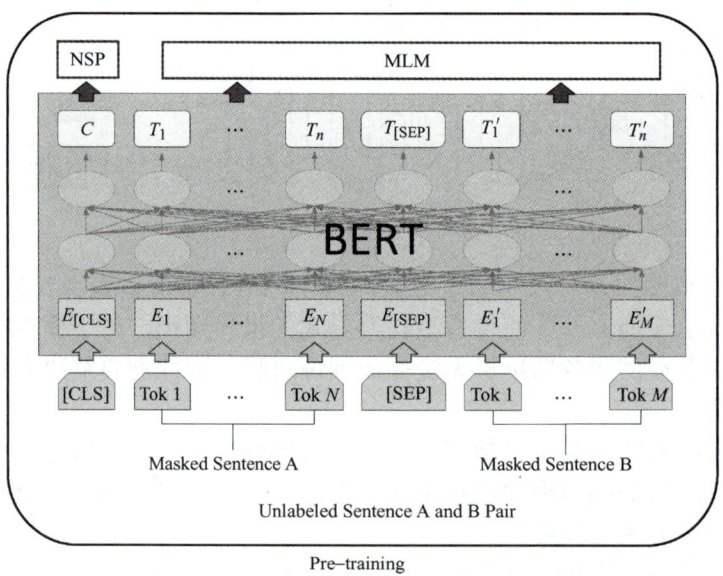

图 9-6　BERT 模型结构

2. RoBERTa

RoBERTa（Robustly Optimized BERT Pretraining Approach）是 BERT 模型的改进版本，通过几个关键的优化措施显著提升了模型性能。首先，RoBERTa 使用了更大规模和更多样化的数据集，这为模型提供了更丰富的上下文信息和语言模式；其次，RoBERTa 通过延长训练时间，允许模型更深入地学习数据特征；然后，RoBERTa 采用了更精细化的训练策略，如动态调整学习率和更有效的批处理方法，以提高训练效率；最后，RoBERTa 去除了 BERT 中的 NSP 任务，因为研究表明这一任务对于某些下游应用并不总是有益的。这些综合改进使得 RoBERTa 在广泛的自然语言处理任务上包括文本分类、情感分析、问答系统等，超越了 BERT 和其他当时的先进模型，确立了新的性能标准，并为后续的语言模型研究和应用提供了重要参考。

3. T5

文本到文本转换 T5（Text-to-Text Transfer Transformer）是由 Google 公司 AI 团队在 2019 年提出的一种预训练语言模型，它采用 Transformer 架构并创新性地将各种自然语言处理任务统一为文本到文本的转换问题。T5 通过在大量文本数据上进行预训练，学习了丰富的语言表示，使其能够灵活地适应包括文本摘要、问答、翻译等在内的多种自然语言处理任务。T5 的预训练包括遮蔽语言模型任务和文本到文本预测任务，这不仅增强了模型对语言的理解能力，也提高了其生成多样化文本的灵活性和准确性。T5 的提出展示了在单一模型框架下处理多种语言任务的可能性，为自然语言处理领域带来了新的发展动力。

4. 注意力机制

注意力机制（Attention Mechanism）在自然语言处理中发挥着重要作用。注意力机制源于对人类视觉的研究。在认知科学中，由于信息处理的瓶颈，人类会选择性地关注所有信息的一部分，同时忽略其他可见的信息。上述机制通常称为注意力机制。注意力机制模仿人类集中注意力的能力，它通过一个加权函数来增强输入数据中对生成输出最为重要的部分。注意力机制最初在机器翻译任务中得到应用。如今，许多注意力模型构建在编码器－解码器架构之上，其中编码器负责将输入序列转换成一个固定大小的向量，而解码器则利用该向量来生成目标序列，如图 9-7 所示。

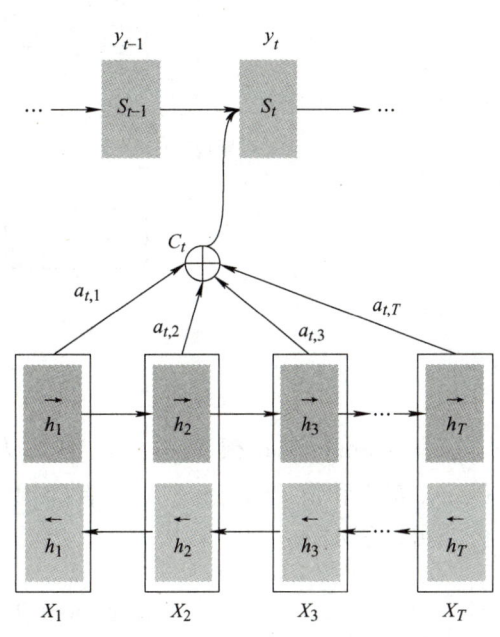

图 9-7　注意力机制框架

5. Transformer 模型

Transformer 模型是一种基于自注意力机制的神经网络架构，它完全摒弃了传统的 RNN 结构，不依赖于序列数据的时间步展开，而是利用注意力机制来捕捉序列中的长距离依赖关系。Transformer 模型的基本结构如图 9-8 所示，由编码器和解码器两部分组成，每个部分都由多个相同的层堆叠而成。编码器层包括多头自注意力机制和前馈全连接网络，用于处理输入序列并生成连续的表示。解码器层在此基础上增加了编码器－解码器注意力机制，以对编码器的输出进行关注，并且每个解码器层的自注意力机制都使用了遮蔽（Masking）来防止未来位置的信息流入，确保解码顺序的正确性。此外，位置编码被添加到输入序列中，为模型提供词的位置信息；而归一化和残差连接则帮助稳定深层网络的训练。

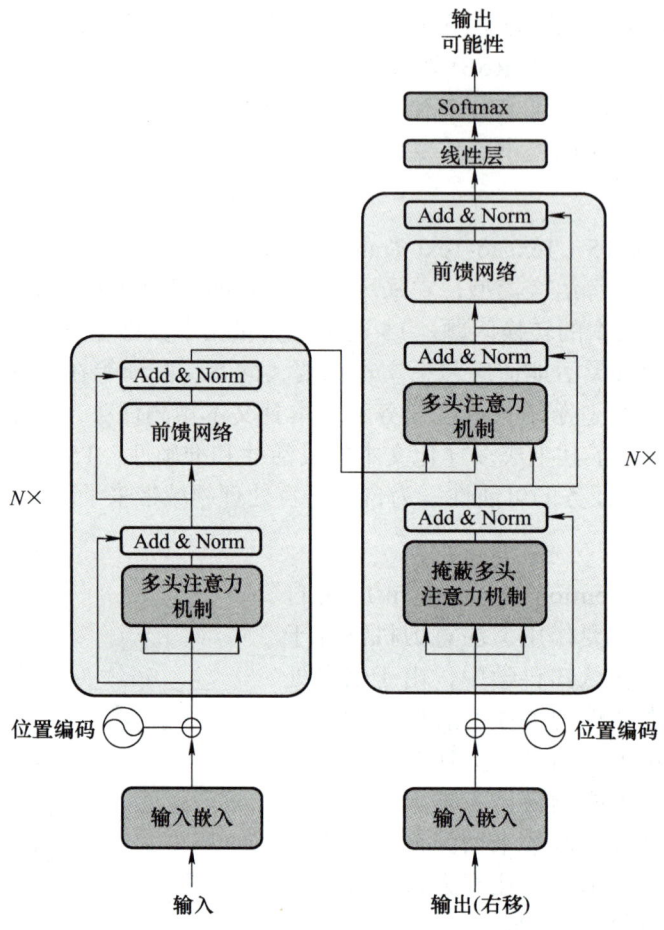

图 9-8　Transformer 模型的基本结构

在 Transformer 模型中，自注意力机制的数学表达是通过查询（Query, Q）、键（Key, K）和值（Value, V）三者的相互作用来实现的。具体来说，自注意力机制的计算公式可以表示为

$$\text{Attention}(Q, K, V) = \text{softmax}\left(\frac{QK^{\text{T}}}{\sqrt{d_k}}\right)V \tag{9-1}$$

式中，QK^{T} 为查询和键的点积；d_k 为键的维度，而 $\sqrt{d_k}$ 用于缩放点积的数值，防止梯度消失或爆炸。

softmax 函数将点积的结果转换为概率分布，确保对值 V 的加权求和时，模型能够关注到序列中与查询最相关的部分。

多头自注意力机制进一步扩展了自注意力机制，它将输入分割成多个头，每个头独立地计算注意力输出，将这些输出拼接起来，并通过线性层进行处理：

$$\text{MultiHead}(Q, K, V) = \text{Concat}(\text{head}_1, \cdots, \text{head}_h) W_0 \tag{9-2}$$

式中，W_0 为权重矩阵。

位置编码是 Transformer 中用于保持序列中词语顺序信息的一种技术。它为每个词的位置生成一个唯一的位置向量，并通过正弦和余弦函数的不同频率来实现：

$$\begin{aligned} \text{PE}_{(\text{pos}, 2i)} &= \sin(\text{pos} / 10000^{2i/d_{\text{model}}}) \\ \text{PE}_{(\text{pos}, 2i+1)} &= \cos(\text{pos} / 10000^{2i/d_{\text{model}}}) \end{aligned} \tag{9-3}$$

式中，pos 为词在序列中的位置；i 为维度索引；d_{model} 为模型的维度。

前馈网络作为 Transformer 中每个编码器和解码器层的一部分，它对自注意力或多头自注意力的输出进行进一步的非线性变换：

$$\text{FFN}(x) = \max(0, x W_1 + b_1) W_2 + b_2 \tag{9-4}$$

该前馈网络通常由两个线性层组成，中间通过 ReLU 激活函数。通过这种方式，Transformer 模型能够对输入序列进行深入的非线性变换，以学习复杂的语言特征。

9.3 文本情感分析

随着互联网技术的不断进步和全球普及，网络应用和用户基数迅速扩大，网络信息的规模与多样性也得到了显著增强。这种增长不仅极大地丰富了信息资源，也极大地促进了人们之间的情感交流和互动。以中国为例，据中国互联网络信息中心发布的第 52 次《中国互联网络发展状况统计报告》显示，截至 2024 年 3 月，中国网民规模达 10.92 亿，互联网普及率达 77.5%，互联网基础环境已经从传统的连接方式演变为支持万物互联的先进架构，这一转变催生了多样化的互联网应用，如图 9-9 所示。随着个性化需求的增长，网民根据自己的兴趣和偏好展现出独特的互联网使用习惯，形成了基于情感联系的社群。在社交网络平台（如微博、微信、Twitter 和 Facebook）、电子商务网站（如天猫、淘宝、京东和 Amazon）、特定领域的应用平台（如美团和豆瓣）、论坛和博客等场所，用户的角色已经从被动的信息接收者转变为积极的信息传播者和创造者。他们在网络空间中不仅交流和分享个人情感、体验和见解，而且通过发表评论文本，贡献了大量包含丰富情感色彩的内容。这些评论文本成为理解和分析公众情感倾向的重要资源。这些用户发表的内容有的是表达了情感，如对机器人电池的评论"在满电情况下，连续工作了 105 分钟，还余电 23%，比原配电池强！"表达了正面的情感；还有的是观点的分享，如在微博中，对于新能源和燃油汽车销量排行的话题中，评论"BYD 全品牌销量突破 6.0 万辆，市占率 16.2%。"表达了 BYD 汽车的正面的情感。

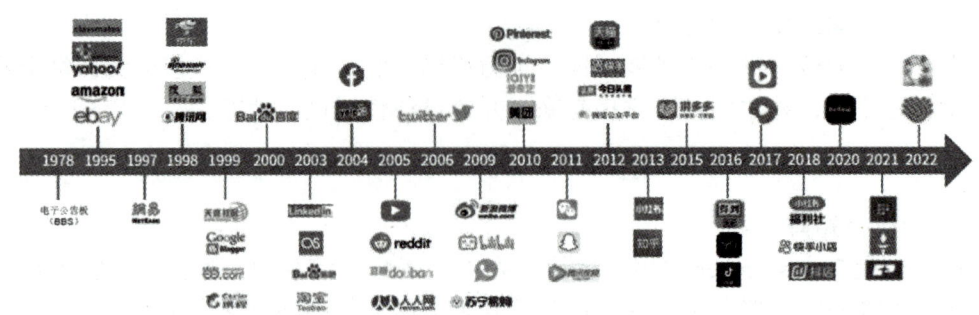

图 9-9　富含情感文本的主要电商与社交平台

情感是个人对外界事物满足自身需求与否的内心体验和态度反映。自 Minsky 在 1985 年提出机器情感识别的概念起，这一领域便迅速成为人工智能研究的焦点，引发了深入的探讨和创新。1995 年，Picard 首次定义了"情感计算"，并于 1997 年发表专著 Affective Computing，书中提出情感计算旨在赋予计算机识别和响应人类情感的能力，促进人机交互的自然化。依据中国中文信息学会发布的 2021 年版《中文信息处理发展报告》和之江实验室 2022 年版《情感计算白皮书》的更新研究进展，情感计算已发展成为一个包含众多子领域的学科，其中文本情感分析（Sentiment Analysis）作为一个关键方向，占据着举足轻重的地位。文本情感分析也称为观点挖掘（Opinion Mining），其目的是从文本数据中提取人们对各种实体（如组织、服务、个人、事件、产品等）及其属性所表达的情感、评价、态度和观点。这一术语最早由 Nasukawa 等人在 2003 年提出，同年 Dave 等人也提出了观点挖掘的概念。尽管这些概念是近年来才明确提出的，但相关的研究工作在语言学和社会心理学等领域早已展开。目前，由于文本情感分析主要处理的是文本数据，因此它在自然语言处理领域也受到了极大的关注和深入研究。

情感分析在多个领域发挥着关键作用，这是因为情感构成了人类行为的基础，并深刻塑造了人们对社会的理解和反应。情感分析与人们的日常生活紧密相连，不仅具有深远的社会意义，还展现出巨大的应用前景。以下是一些情感分析的典型应用场景。

1）商业辅助决策领域。在网络空间，如天猫、美团、携程、豆瓣和当当等平台上的用户评论携带着大量的情感信息。通过分析这些海量的在线评论，人们能够挖掘出对消费者极具参考价值的信息，同时也为商家和制造商提供宝贵的产品反馈。电商平台可以利用这些分析结果来优化服务，建立正面的品牌形象。通过细致的情感分析，消费者可以更明智地根据自己的需求选择产品；而商家则可以更清楚地了解产品在哪些方面表现良好，在哪些方面需要改进，进而提升产品品质和市场竞争力。

2）网络舆情分析和管理领域。在网络舆情分析和管理领域，情感分析是一种强大的工具，它可以量化和评估公众在社交媒体、新闻评论和博客等平台上的情绪和观点。这种分析可以帮助组织理解公众对于各种事件、政策或产品的情感反应。通过识别和解读这些情感表达，组织能够及时响应社会关切，优化公关策略，提高透明度和公信力，同时在必要时调整其行动方针，确保与公众情绪保持一致，促进积极的社会对话。

3）智能客服领域。众多具有影响力的组织和企业正在积极探索情感分析技术在商业领域的应用，不断推出集成了情感识别功能的智能客服解决方案。例如，微软公司的 AI 聊天机器人、亚马逊公司的智能助手、百度公司的 AI 助理、阿里巴巴公司的个性化推荐系统以及京东公司的智能客服系统等，这些先进的客服工具不仅依靠迁移学习等先进技术来提升对话的准确性，还通过识别对话中的情感细微差别，与用户建立更深层次的情感联系。这些智能系统通过分析用户的语言和语调，能够洞察用户的情绪变化，并据此调整自己的回应策略，以提供更加贴心的服务。

除了以上应用，情感分析在医疗健康领域、教育领域课程反馈、政治选举分析、智能电网管理和电力市场分析等领域中也得到大量应用。随着深度学习和预训练语言模型（Pre-training Language Model，PLM）等新技术的发展，特别是以 BERT、GPT、BART 和 T5 等为代表的一系列 PLM 的出现，使情感分析任务的性能得到了显著的提升，情感分析的应用已覆盖政府、教育、商业、安全、金融、医疗和娱乐等多个行业，显示出其在未来的巨大发展潜力和深远的社会经济价值。情感分析按照文本处理的粒度不同，可以分为以下 3 种层次。

1）文档级（Document Level）：情感分析集中于评估整个文档的情感倾向，如一篇评论文章或用户反馈的整体情感是正面还是负面。这种方法简单直接，但可能忽略了文档中不同部分情感可能存在的差异。

2）句子级（Sentence Level）：对单个句子所表达的情感进行识别，这允许对文本中情感的细微变化进行更精确的捕捉。然而，它可能无法揭示句子中具体提及的实体或属性的情感。

3）方面级（Aspect Level）：全面的细粒度方面级情感分析（Aspect-Level Sentiment Analysis，ALSA）任务又称为基于方面的情感分析（Aspect-Based Sentiment Analysis，ABSA）任务，通常 ABSA 的主要研究路线涉及识别各种方面级别的情感元素，即方面术语（方面词）（Aspect Terms，a）、方面类别（Aspect Categories，c）、意见术语（意见词）（Opinion Terms，o）和情感极性（Sentiment Polarities，s）。如图 9-10 所示，句子为一条多方面术语的评论文本示例。

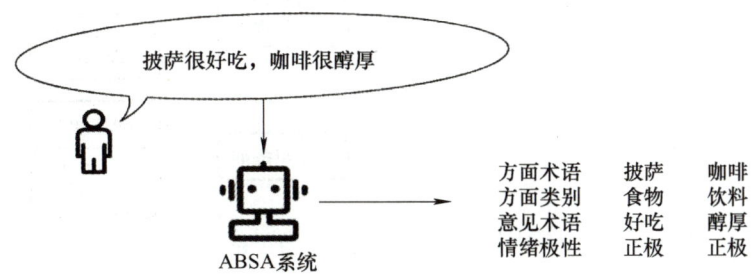

图 9-10　多方面术语情感分析样本示例

情感分析属于自然语言处理中的一项经典任务，它旨在识别和提取文本数据中所蕴含的个人情绪、情感倾向、评价、态度和观点。ABSA 作为情感分析的一个核心分支，专注于识别文本中提及的具体实体属性，并分析这些属性上的情感倾向。自从 2014 年在国际语义评测大赛 SemEval 2014 中首次亮相以来，ABSA 在 2015 和 2016 年的 SemEval 评测中得到进一步的发展，并迅速成为学术界和工业界研究的热点，催生了大量创新性的研究成果。

图 9-11 所示是目前 ABSA 的主要任务，主要分为单一 ABSA 任务和复合 ABSA 任务。其中，单一 ABSA 任务包含方面术语提取（Aspect Term Extraction，ATE）、方面类别检测（Aspect Category Detection，ACD）、意见术语提取（Opinion Term Extraction，OTE）和方面情感分类（Aspect Sentiment Classification，ASC）。混合 ABSA 任务包含配对提取中的方面意见对提取（Aspect-Opinion Pair Extraction，AOPE）、端到端 ABSA（End-to-End ABSA，E2E-ABSA）和方面类别情感分析（Aspect Category Sentiment Analysis，ACSA）；三元组提取中的方面情感三元组提取（Aspect Sentiment Triplet Extraction，ASTE）和方面类别情感检测（Aspect-Category-Sentiment Detection，ACSD）；四元组提取中的方面情感四元预测（Aspect Sentiment Quad Prediction，ASQP）和方面-类别-观点-情感（Aspect-Category-Opinion-Sentiment，ACOS）。图 9-11 中，ASTE、ASQP 和 ACOS 是本文主要的研究对象。

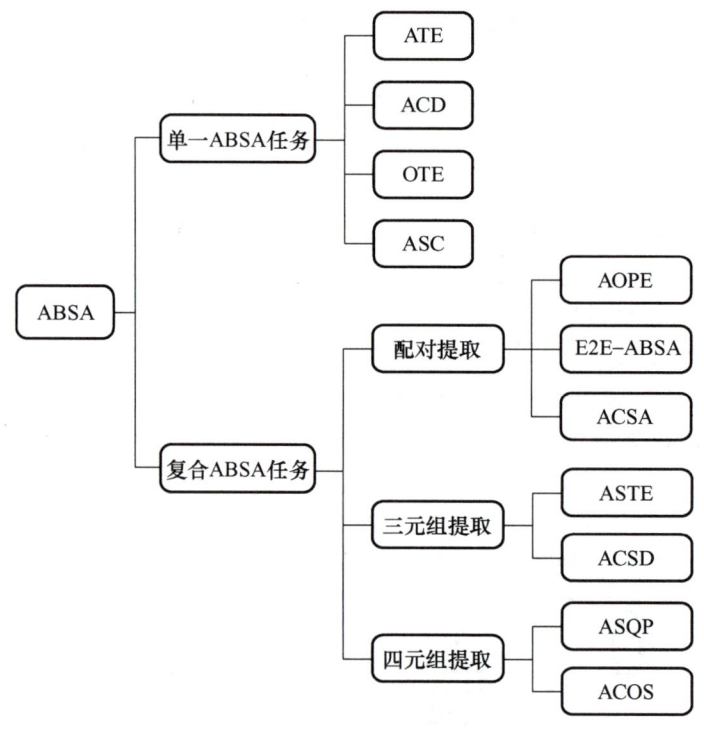

图 9-11　ABSA 的主要任务

9.4　文本表示

文本表示是将自然语言文本转换为计算机能够理解和处理的格式的过程。文本表示涉及将单词、句子或文档转换成数值向量或其他数据结构，以便于机器学习模型进行分析和学习。其表示形式通常分为静态词向量模型和动态词向量（Dynamic Word Embedding）模型。

1. 静态词向量模型

静态词向量模型通过在特定语料库上的训练学习得到一组固定的词向量，这些词向量是不变的，不会根据上下文的不同而改变。主要的静态词向量模型包括单词转向量模型（Word to vector，Word2vec）和基于单词的全局向量表示模型（Global Vectors for word representation，GloVe）。其中，Word2vec 有两种变体：CBOW（Continuous Bag-Of-Words）模型，用于基于上下文预测目标词；Skip-gram 模型，用于基于目标词预测上下文。

2. 动态词向量模型

在自然语言中，一词多义现象很常见，同一词汇在不同上下文中可能具有不同的意义。例如，"苹果"可能指一种水果，也可能是一家公司的名称。尽管静态词向量通过在大规模语料库上进行预训练，能够为词汇提供低维、稠密的向量表示，但它们无法捕捉到上下文中的细微语义差异，因此处理一词多义存在局限。为了解决该问题，人们提出了上下文相关的词向量，即动态词向量。这种表示方式根据词汇所处的具体上下文动态生成向量，使得同一词汇在不同语境中可以有不同的向量表示，从而更准确地反映其语义。ELMo 模型是动态词向量的先驱之一，它通过双向语言模型来捕捉词在上下文中的丰富语义信息。与传统的静态词向量相比，ELMo 生成的词向量能够体现词汇在特定上下文中的用法和含义，为自然语言处理任务提供了更为精细的语义表示。这种上下文相关的表示方法显著提升了自然语言理解的能力，尤其是在处理一词多义和复杂语义关系时。

9.5 方面级情感语料库

ASTE-Data-V2 数据集源自 SemEval 挑战，包括的数据集有 SemEval-14res、14lap、15res 以及 16res。里面的每个样本包括原始句子、具有统一方面/目标标签的序列和具有意见标签的序列。由于每个句子可能有多个方面/目标和意见，因此将各个方面/目标及其意见进行配对。ASTE-Data-V2-EMNLP2020 数据集是经过优化的数据，作者删除了训练、验证和测试集中具有冲突情感的三元组，并在每个句子的末尾附加了真实三元组，以简化三元组评估。ASTE-Data-V2-EMNLP2020 数据集样例如图 9-12 所示。

Cai 等人构建的 ACOS 数据集包含 Restaurant-ACOS 和 Laptop-ACOS 两个数据集。其中，Restaurant-ACOS 数据集是基于 SemEval 2016 Restaurant 数据集及其扩展数据集构建的；Laptop-ACOS 是 2017 年和 2018 年从亚马逊平台收集的全新笔记本计算机数据集（涵盖华硕、宏碁、三星、联想、MBP、微星 6 个品牌下的 10 种笔记本计算机），它包含 4076 个评论句子，比 SemEval Laptop 数据集大得多。

The data has the following format:

sentence####[(target position, opinion position, sentiment)]

If there are multiple triplets in the same sentence:

sentence####[(target position, opinion position, sentiment), ..., (target position, opinion position, sentiment)]

For example:

The screen is very large and crystal clear with amazing colors and resolution .####[([1], [4], 'POS'), ([1], [7], 'POS'), ([10], [9], 'POS'), ([12], [9], 'POS')]

图 9-12　ASTE-Data-V2-EMNLP2020 数据集样例

9.6　方面级情感分析评价标准

方面级情感分析常用评估指标包括 P、R 和 $F1$。P、R 和 $F1$ 的定义和计算方法如下。

1）准确值（Precision，P）：正确预测的数量除以预测的总数，计算公式如下：

$$P = \frac{TP}{TP + FP} \tag{9-5}$$

式中，TP 为模型正确预测的正样本数量；FP 为模型错误预测的正样本数量。

2）召回率（Recall，R）：正确预测的数量除以真实的总数，计算公式如下：

$$R = \frac{TP}{TP + FN} \tag{9-6}$$

式中，FN 为模型错误预测的负样本数量。

3）$F1$：综合考虑准确值和召回率的指标，通过计算准确值和召回率的调和平均值来衡量模型性能，$F1$ 越高表示模型的准确性和完整性越好，计算公式如下：

$$F1 = \frac{2PR}{P + R} \tag{9-7}$$

9.7　自己动手练之 ASTE

1. 背景介绍

ASTE 是一种细粒度的情感分析任务，其目的是提取句子中的方面词（a）、其对应的情感极性（s）和意见词（o），主要应用于商品评论分析任务。例如，语句 "The sweet treats are good but average service." 中，方面术语是 "sweet treats" 和 "service"，意见术语是 "good" 和 "average"，它们的情感极性分别是 "正面" 和 "中立"。本节将实现基于 TD-LSTM 语言模型和基于 LCF-BERT 语言模型的 ASTE。

2. 数据集及代码获取

基于 PyTorch 的 ABSA 开源项目为 https://github.com/songyouwei/ABSA-PyTorch。其中包括 3 个 ABSA 数据集 twitter、restaurant、laptop，各种论文中的开源模型以及基础的网络层，其中主要包括基于 BERT 的模型和基于传统神经网络的模型。采用 git 指令获取代码，即 git clone https://github.com/songyouwei/ABSA-PyTorch。

3. 环境配置

shell 克隆代码 git clone https://github.com/songyouwei/ABSA-PyTorch。
shell 创建虚拟环境 conda create-n absa python=3.7。
shell 激活虚拟环境 conda activate absa。
shell 配置环境 pip install-r requirements.txt。

4. 程序运行

程序运行 TD-LSTM 语言模型如图 9-13 所示。

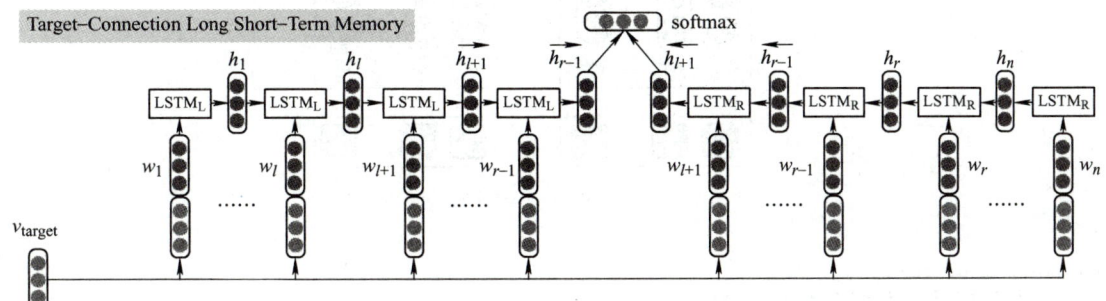

图 9-13　TD-LSTM 语言模型

TD-LSTM 的运行餐厅数据集示例：

```
shell 训练 python train.py--model_name td_lstm--dataset restaurant
```

程序运行 LCF-BERT 模型如图 9-14 所示。

LCF-BERT 的运行餐厅数据集示例：

```
shell 训练 python train.py--model_name lcf_bert--dataset restaurant
```

5. 结果展示

程序运行 TD-LSTM 模型结果如图 9-15 和图 9-16 所示。从图 9-15 中可以看出，通过加载各类参数，程序正常启动并开始运行。从图 9-16 中可以看出，验证集的最终精度为 74.82%，而测试集的最终精度为 75.09%。

程序运行 LCF-BERT 模型结果如图 9-17 和图 9-18 所示。从图 9-17 中可以看出，通过加载各类参数，程序正常启动并开始运行。从图 9-18 中可以看出，验证集的最终精度为 81.52%，而测试集的最终精度为 83.84%。

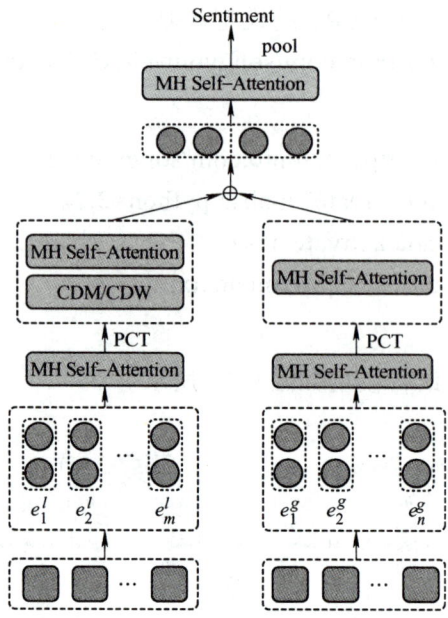

图 9-14 LCF-BERT 模型

```
cuda memory allocated: 11290112
> n_trainable_params: 1446603, n_nontrainable_params: 1375500
> training arguments:
>>> model_name: td_lstm
>>> dataset: restaurant
>>> optimizer: <class 'torch.optim.adam.Adam'>
>>> initializer: <function xavier_uniform_ at 0x0000018E63BEF798>
>>> lr: 2e-05
>>> dropout: 0.1
>>> l2reg: 0.01
>>> num_epoch: 20
>>> batch_size: 16
>>> log_step: 10
>>> embed_dim: 300
>>> hidden_dim: 300
>>> bert_dim: 768
>>> pretrained_bert_name: bert-base-uncased
>>> max_seq_len: 85
>>> polarities_dim: 3
>>> hops: 3
>>> patience: 5
>>> device: cuda
>>> seed: 1234
>>> valset_ratio: 0
>>> local_context_focus: cdm
>>> SRD: 3
>>> model_class: <class 'models.td_lstm.TD_LSTM'>
>>> dataset_file: {'train': './datasets/semeval14/Restaurants_Train.xml.seg', 'test': './datasets/semeval14/Restaurants_Test_Gold.xml.seg'}
>>> inputs_cols: ['left_with_aspect_indices', 'right_with_aspect_indices']
```

图 9-15 训练开始的参数展示（1）

```
loss: 0.6454, acc: 0.7318
loss: 0.6517, acc: 0.7317
loss: 0.6514, acc: 0.7317
loss: 0.6454, acc: 0.7355
loss: 0.6422, acc: 0.7371
loss: 0.6443, acc: 0.7360
> val_acc: 0.7482, val_f1: 0.5757
>> test_acc: 0.7509, test_f1: 0.5865
```

图 9-16 训练最终结果展示（1）

```
cuda memory allocated: 455608832
> n_trainable_params: 113617923, n_nontrainable_params: 0
> training arguments:
>>> model_name: lcf_bert
>>> dataset: restaurant
>>> optimizer: <class 'torch.optim.adam.Adam'>
>>> initializer: <function xavier_uniform_ at 0x0000014B6ED5E8B8>
>>> lr: 2e-05
>>> dropout: 0.1
>>> l2reg: 0.01
>>> num_epoch: 20
>>> batch_size: 16
>>> log_step: 10
>>> embed_dim: 300
>>> hidden_dim: 300
>>> bert_dim: 768
>>> pretrained_bert_name: bert-base-uncased
>>> max_seq_len: 85
>>> polarities_dim: 3
>>> hops: 3
>>> patience: 5
>>> device: cuda
>>> seed: 1234
>>> valset_ratio: 0
>>> local_context_focus: cdm
>>> SRD: 3
>>> model_class: <class 'models.lcf_bert.LCF_BERT'>
>>> dataset_file: {'train': './datasets/semeval14/Restaurants_Train.xml.seg', 'test': './datasets/semeval14/Restaurants_Test_Gold.xml.seg'}
>>> inputs_cols: ['concat_bert_indices', 'concat_segments_indices', 'text_bert_indices', 'aspect_bert_indices']
```

图 9-17 训练开始的参数展示（2）

```
loss: 0.1471, acc: 0.9476
loss: 0.1489, acc: 0.9461
loss: 0.1457, acc: 0.9481
loss: 0.1440, acc: 0.9488
loss: 0.1460, acc: 0.9484
> val_acc: 0.8152, val_f1: 0.7194
>> test_acc: 0.8384, test_f1: 0.7565
```

图 9-18 训练最终结果展示（2）

第 10 章

综合应用实例

服务机器人作为新型产业的代表,迎来了一个高速发展期,国内外研究机构和企业对其关键技术和产业化进行了深入研究。本章尝试以本实验室团队参加服务机器人学科竞赛的赛题为例,介绍几种基于移动机器人的综合应用案例,以便读者更好地掌握移动机器人综合项目研发流程和方法。

10.1 多人辨识项目

居家服务机器人是在家居环境中使用的,以满足使用者生活需求为目的的服务机器人。在模拟的家庭环境中,服务机器人能够在各个房间中自主巡游,在不干涉家庭成员(志愿者)的前提下,对他们的日常行为进行识别和统计,并自主完成房间中垃圾的清理。要求机器人具备多人辨识、人脸识别、人体行为识别、物品识别、自主导航、机械臂抓取等相关功能。

多人辨识项目是测试居家服务机器人是否能够在陌生环境中自主地识别人。不可以手动校准,机器人必须向一组人进行自我介绍,问他们的名字,记住他们,当再次遇见时能够认出他们。比赛开始前,提供 10 个英文名字、10 个中文名字清单供识别。该测试的关键是人的检测 / 识别、脸部的检测 / 识别、安全导航、与陌生人的人机互动。该项目需要实现机器人基础移动功能、语音识别功能、人脸识别功能、建图功能、导航功能、物品抓取功能,并将这些功能整合到 ROS 操作系统中。

10.1.1 项目流程

3 个客人进入场地,面向门,离门 3m 左右。机器人位于门外,等待开门。比赛开始,机器人进入房间,先进行自我介绍。

机器人识别客人,并依次走向每个客人。在此过程中,客人应面向机器人,并向机器人介绍自己,以及自己希望机器人帮自己拿的物品。在此学习阶段,关于要客人如何做,机器人可以给予客人一些指示,但绝对不能触碰机器人。物品从物品清单指定(由裁判抽取),客人的名字从名字清单指定(由裁判抽取)。客人告诉机器人自己的名字和所需物品后,机器人必须说出它所理解到的名字和物品。如果机器人没有听懂,可以要求客人再次重复,不扣分。如果在该阶段机器人没有正确地识别名字,它仍可以用该错误的名字继续下一阶段的识别。这是机器人与客人相互认识阶段,任务列表如表 10-1 所示。

多人辨识项目场地如图 10-1 所示。机器人走到指定位置(该位置与客人不在同一个房间，如一个房间为客厅，则另一个房间为餐厅）获得客人所需物品，机器人得到所需的一个或几个物品后回到客人所在房间，此时客人应面向机器人。机器人回到房间后找到相应的客人，给予他所需的物品，并询问是否满足要求。当机器人已经为所有客人拿好物品后，或者决定停止寻找时，它从另一个门离开。机器人可以通过自主开门并离开（需事先告诉裁判）。

表 10-1 任务列表

理解名字	理解所需物品	拿到所需物品	判断出一个人	辨别人的名字	识别出人	将物品给予对应的人	在指定时间内完成所有任务

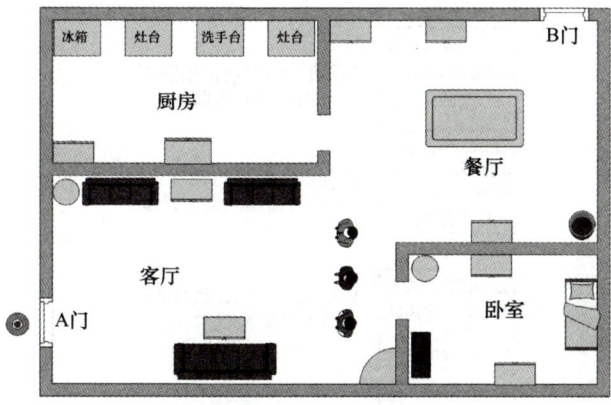

图 10-1 多人辨识项目场地

10.1.2 原理分析

各部分功能所需硬件如图 10-2 所示。多人辨识项目流程如图 10-3 所示。

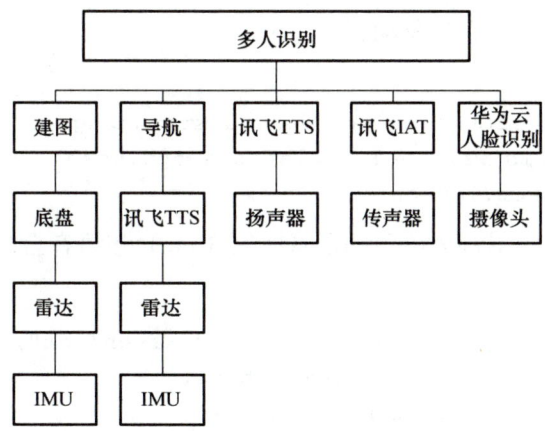

图 10-2 各部分功能所需硬件

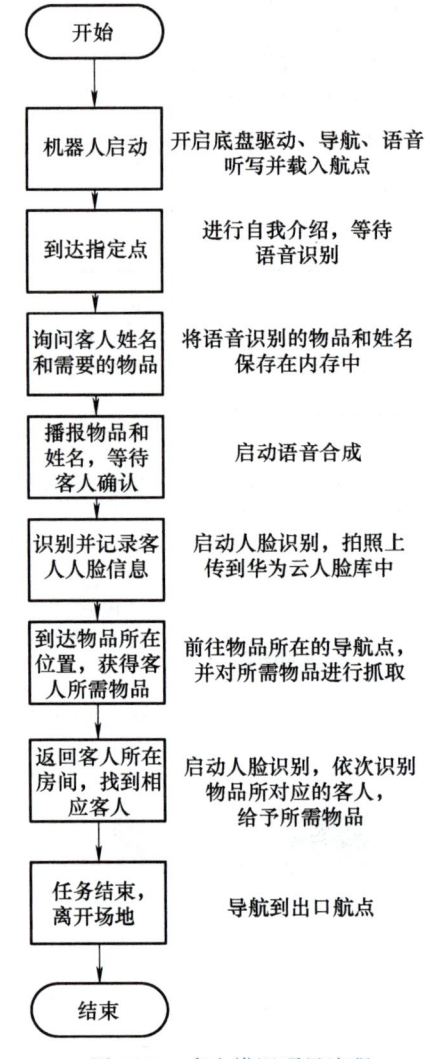

图 10-3　多人辨识项目流程

1）基础移动功能。启动底盘驱动：

```
1   #!/bin/bash
2   cd/home/robot/catkin_ws/src/dashgo/src/dashgo_driver/launch
3   source ~/catkin_ws/devel_isolated/setup.bash
4   roslaunch driver.launch
```

2）语音识别功能。使用科大讯飞的语音听写（iat）和语音合成（tts）功能。启动语音听写：

```
1   ros::Subscriber sub_sr=n.subscribe("/xfyun/iat", 10, KeywordCB);
2   static xfyun_waterplus::IATSwitch srvIAT;
3   srvIAT.request.active=true;
4   srvIAT.request.duration=6;
5   clientIAT.call(srvIAT);
```

启动语音合成：

```
1    sound_play::SoundClient sc;
2    sc.say(inStr);
```

3）人脸识别功能。使用华为云人脸识别，由于华为云人脸识别使用 Python 语言编写，因此在 ROS 操作系统中使用脚本进行调用。

```
1    char order[100];
2    sprintf(order, "cd ~/HWFace && python3 face_reco.py");
3    n=system(order);
```

4）建图功能。多人辨识项目需要提前构建好地图。启动建图：

```
1    #!/bin/bash
2    source ~/catkin_ws/devel_isolated/setup.bash
3    roslaunch cartographer_ros demo_revo_lds.launch
```

5）导航功能。多人辨识项目需要在运行主程序前启动导航并校正自身位姿。启动导航：

```
1    #!/bin/bash
2    cd/home/robot/bash
3    source ~/catkin_ws/devel_isolated/setup.bash
4    gnome-terminal--bash imu.sh
5    sleep 1
6    gnome-terminal--bash lidar.sh
7    sleep 1
8    gnome-terminal--bash 3to2.sh
9    sleep 1
10   gnome-terminal--bash start_navigation.sh
11   sleep 1
12   gnome-terminal--bash add_waypoint.sh
13   sleep 1
```

标定航点。启动导航后，使用 Addwaypoints 标定一个或几个航点，完成后使用如下脚本保存航点至 waypoints.xml 文件：

```
1    #!/bin/bash
2    source ~/catkin_ws/devel_isolated/setup.bash
3    rosrun waterplus_map_tools wp_saver
```

10.1.3 各功能实现

由有限状态机判断程序当前运行状态，并进行切换：

```
1    // 有限状态机
2    #define STATE_READY          0
3    #define STATE_WAIT_ENTR      1
4    #define STATE_WAIT_RECO      2
```

```
5   #define STATE_CONFIRM           3
6   #define STATE_GOTO_EXIT         4
7   #define STATE_GOTO_LOCATION     5
8   #define STATE_GOTO_CMD          6
9   #define STATE_WAIT_FACE         7
10  #define STATE_CATCH             8
11  #define STATE_PHOTO             9
12  #define STATE_GOTO_BACK         10
```

设置人名和物品关键词:

```
1   // 识别关键词
2   static vector<string>arKWPerson;
3   static vector<string>arKWConfirm;
4   static vector<string>arKWObject;
5   static void Init_keywords()
6   {
7       // 人名关键词
8       arKWPerson.push_back("Alex");
9       arKWPerson.push_back("Angel");
10      arKWPerson.push_back("Edward");
11
12      // 物品关键词
13      arKWObject.push_back("herbal tea");
14      arKWObject.push_back("water");
15      arKWObject.push_back("cola");
16
17      //yes or no
18      arKWConfirm.push_back("yes");
19      arKWConfirm.push_back("Yes");
20      arKWConfirm.push_back("Yeah");
21      arKWConfirm.push_back("year");
22      arKWConfirm.push_back("no");
23      arKWConfirm.push_back("No");
24  }
```

进门介绍自己(图 10-4):

```
1   bool aArrived=Goto("start");
2   Speak("Please tell me your name and what you want");
```

切换状态,等待语音识别:

```
nState=STATE_WAIT_RECO;
```

获取客人说的物品和人名信息(图 10-5)并将其保存在内存中,等待客人确认:

```
1   string person=FindWord(strListen, arKWPerson);
2   string object=FindWord(strListen, arKWObject);
```

```
3    string strRepeat="your name is "+person+","+"you want "+object;
4    strcpy(obj[objnum], object.c_str());
5    strcpy(per[pernum], person.c_str());
6    Speak(strRepeat);
7    string where="please confirm";
8    nState=STATE_CONFIRM;
```

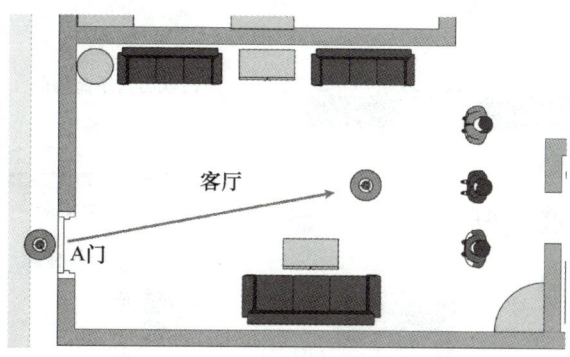

图 10-4　进门介绍自己

图 10-5　获取客人说的物品和人名信息

客人确认后进入拍照状态：

  nState=STATE_PHOTO;

启动摄像头拍照，并上传到华为云人脸库中（图 10-6）：

```
1    Speak("Please don't move");
2    sprintf(order, "cd ~/HWFace && python3 photo.py %s", per[pernum-1]);
     //格式化命令，替换
3    n=system(order);
```

如此，依次识别 3 个客人，切换状态：

  nState=STATE_GOTO_LOCATION;

到达物品所在地点并抓取物品（图 10-7）：

```
1    fArrived=Goto(placestr);
2    if (fArrived==true)
```

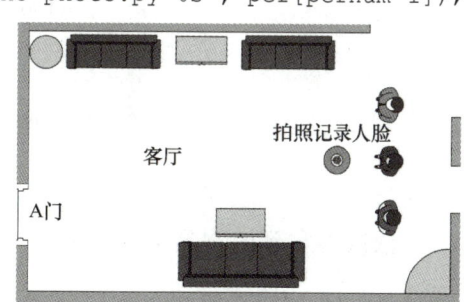

图 10-6　记录人脸

```
3    {
4        Speak("I am in the"+placestr);
5        nState=STATE_CATCH;
6    }
```

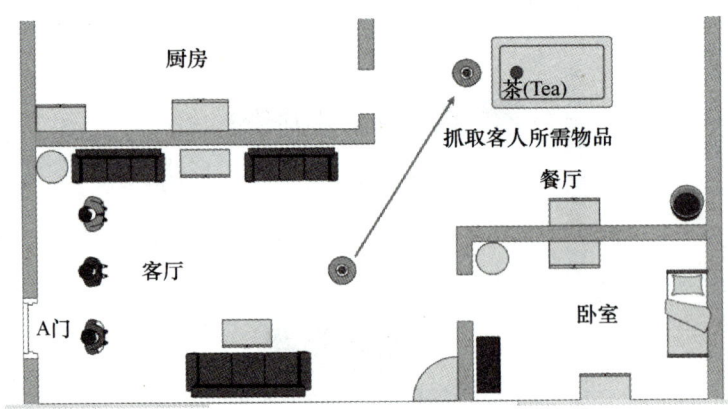

图 10-7　获取物品

返回指定地点，启动人脸识别，识别客人（图 10-8）：

```
1    bool fArrived;
2    fArrived=Goto("back");
3    char order[100];
4    sprintf(order, "cd ～/HWFace && python3 face_reco.py");
5    n=system(order);
6    nState=STATE_WAIT_FACE;
```

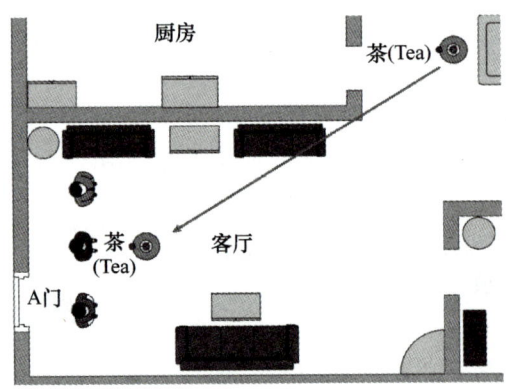

图 10-8　再次识别客人

依次将拿到的物品给相应的客人后，离开场地（图 10-9）：

```
1    if (times==3)
2        nState=STATE_GOTO_EXIT;
```

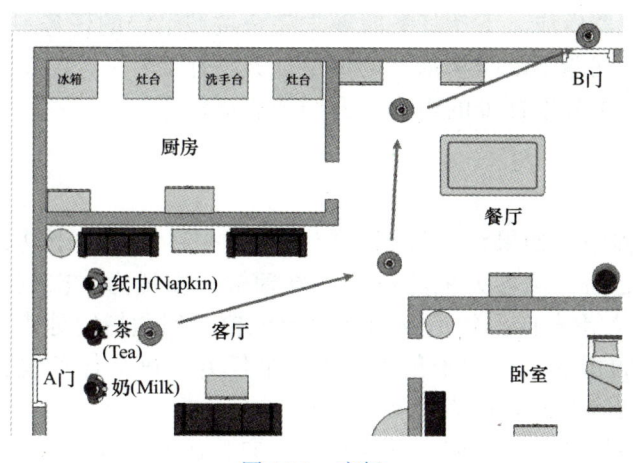

图 10-9　离场

10.2　GPSR 项目

通用服务机器人（General Purpose Service Robot，GPSR）项目是测试机器人各个方面的综合能力，希望服务机器人能朝着更加全面、完善的方面发展。技术委员会鼓励参与该项比赛的队伍，在比赛中尽可能展示出服务机器人更全面的功能。

该项目是为了测试机器人的综合能力，测试重点包括跟随、定位、导航、抓取、人的探测及识别、物体的探测及识别等。在该测试中，机器人需要完成被要求的多个任务。该测试的技术难点是没有预定义场景和预定义的可以由确定的基本动作序列完成的任务。完成该测试需要的动作和任务由裁判现场抽取。

10.2.1　重点考察

GPSR 项目重点考察以下方面。
1）没有特定顺序的动作集，因此该任务不能由预先定义好的状态机编程来完成。
2）增强的语音识别、处理能力。由于任务是不确定的，因此语音也是不确定的，任务不是单纯的动作或单个物体，可能包含多个物体和动作，如将杯子放在厨房的桌子上。

10.2.2　所有机器人的能力形成

通常来说，机器人开展业务工作需要从行动类、物体类和位置类的集合中生成具体能力。
1）行动集合 A：如寻找特定人、跟随、抓取和运送物体等。
2）物体集合 B：该集合由放在场地中的 10 个物体构成。
3）位置集合 L：该集合根据测试场地条件确定，如果涉及抓取任务，那么抓取的位置需在机器人的可达高度范围内。

10.2.3　自主进场

机器人需自主进场，其任务可以由测试人员对机器人下达，可以考虑相应加分。任务由一个标准的生成器生成。下达任务时要求完全按照给定的任务一字不漏地下达给机器人，向机器人提出的问题不能是类似"第一个任务是什么？""第二个任务是什么？"，所有给定的任务都是一个基本任务的组合。开门为启动信号。

10.2.4 过程

在下达任务过程中，如果没有按照给定的句子一字不漏地下达，则视为失败。如果重复下达任务 3 次之后，机器人依然没有正确理解，则视为本次测试失败。任务列表如表 10-2 所示。机器人首先自主到达场内的指定位置。到达指定地点之后，机器人被给予包含中文或者英文的指令，该句子包含 2～3 个任务。每个任务包含一个动作 $a \in A$ 和相应的依赖动作的物体 $b \in B$ 或者位置 $l \in L$。

动作集合和物体以及位置不同，动作集合需要自己考虑或实现（包括对应动作的同义词）。也就是说，对于一个动作，在任务描述中可能有许多不同的说法，如对于导航类的任务，等价的说法包括 go to、move to、drive to 或 navigation 等。

表 10-2　任务列表

理解部分命令	完成部分任务	理解全部命令	完成全部任务	由陌生人下达指令

10.2.5 获取任务

机器人识别整个句子之后，如果可以完整地将其复述（意思一样即可）出来，则被认为是理解了命令。机器人理解的任务记录到 pdf 文件中供实验者查看。

10.2.6 各功能实现

GPSR 硬件结构和程序逻辑流程如图 10-10 和图 10-11 所示。

图 10-10　GPSR 硬件结构

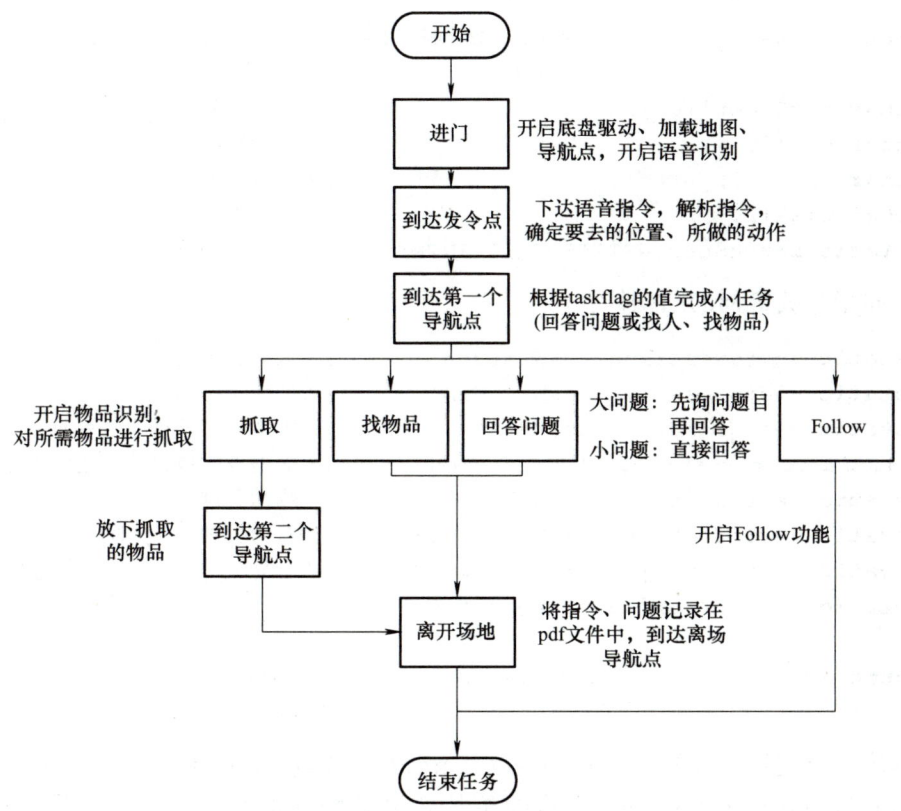

图 10-11　GPSR 程序逻辑流程

1）程序启动时开启语音识别和地图导航功能。

```
1  typedef actionlib::SimpleActionClient<move_base_msgs::MoveBaseAction>
    MoveBaseClient;
2  static ros::Publisher spk_pub;
3  static ros::ServiceClient clientIAT;
4  static xfyun_waterplus::IATSwitch srvIAT;
5  static ros::ServiceClient cliGetWPName;
6  static waterplus_map_tools::GetWaypointByName srvName;
7  static int nPersonCount=0;
```

2）定义有限状态机：

```
1  #define STATE_WAIT_ENTR 0         // 初始状态
2  #define STATE_WAIT_RECO 1         // 从任务语句中判断需要到达的位置
3  #define STATE_GOTO_LOCATION 2     // 到某一地点
4  #define STATE_WAIT_ASK 3          // 等待询问
5  #define STATE_CONFIRM 4           // 记录任务到 txt 文件中，并执行小任务
6  #define STATE_GOTO_EXIT 5         // 到出口
7  #define STATE_GOTO_LOCATION2 6    // 到第二个地点
```

3）定义全局变量：

```
1   int taskflag=0;           // 任务标志 1-回答问题 2- 回答小问题 3-follow 4-抓取物品
                              //5-找东西
2   char strOrder[100];        // 记录听到的命令
3   char obj[20];              // 记录物品
4   char pla[20];              // 记录地点
5   char pla2[20];             // 记录拆分地点2
6   static int nState=STATE_WAIT_ENTR;   // 程序启动时初始状态
```

4）存储指令关键词的结构体：

```
1   static vector<string>arKWPerson;          // 人名关键词
2   static vector<string>arKWConfirm;         // 回应关键词
3   static vector<string>arKWPlacement;       // 大地点（房间）关键词
4   static vector<string>arKWPlacement2;      // 大地点中包含的小地点关键词
5   static vector<string>arKWObject;          // 物品关键词
6   static vector<string>arKWAction1;         // 行为关键词1，对应大地点
7   static vector<string>arKWAction2;         // 行为关键词2，对应小地点
8   static vector<string>arKWQuestion;        // 大问题关键词（需要单独询问的
                                              // 问题）
9   static vector<string>arKWSmallQuestion;   // 小问题关键词（包含在指令中的
                                              // 问题）
```

5）程序运行过程。以机器人收到指令"grasp the Herbal tea from the dining table and deliver it to the left cooking bench，将凉茶从餐桌带到左边灶台"为例。程序运行的地图如图10-12所示。

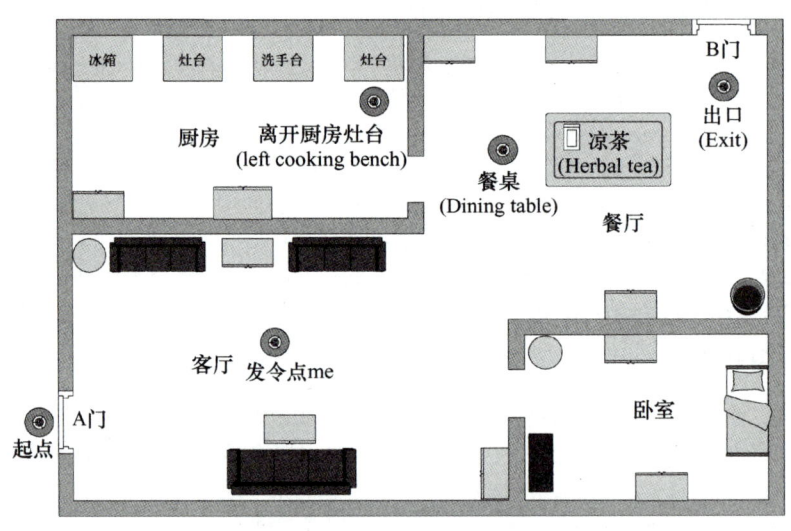

图10-12　程序运行的地图

实验场地和示例指令所需到达的几个地点，如图10-13所示。

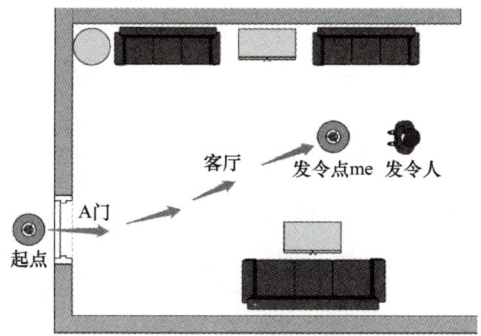

图 10-13　到达发令点 me

起始状态：机器人自行移动到发令点 me，等待发令人发出指令。

```
1    bool bArrived=Goto("me");
2    Speak("Tell me the command.");
3    nState=STATE_WAIT_RECO;
```

机器人接到发令人发送的指令后，从听到的句子里寻找指令关键词，并确定机器人接下来的任务（到哪些地点，找什么人或物品，回答什么问题），播报听到的指令，等待语音确认。

```
1    string location=FindWord(strListen, arKWPlacement);
2    string location2=FindWord(strListen, arKWPlacement2);
3    string action1=FindWord(strListen, arKWAction1);
4    string action2=FindWord(strListen, arKWAction2);
5    string object=FindWord(strListen, arKWObject);
6    Speak("Please confirm!");
7    nState=STATE_CONFIRM;
```

发令人反馈语音确认指令后，机器人对收到的确认语句进行判断。如果确认语句是 yes、yeah 等，则解析第一个任务关键词，确定 taskflag（此处 taskflag 为 4 拿东西），并导航到第一个目标点（此处为 Dining table），如图 10-14 所示；如果语句是 no，则要求重新下发指令。

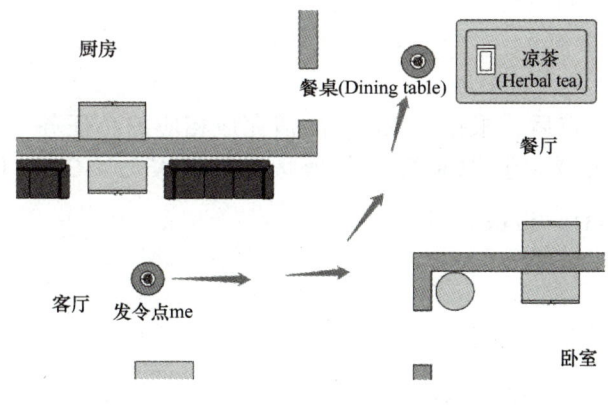

图 10-14　第一个任务完成

从发令点导航到第一个目标点 Dinning table。

```
1    if (confirm=="yes" || confirm=="Yes" || confirm=="Yeah")
2    {
3            if (strstr(strOrder, "answer") !=NULL)
4            {
5                taskflag=1;  // 回答大问题
6            }
7            else if (strstr(strOrder, "say") !=NULL || strstr(strOrder,
             "tell") !=NULL || strstr(strOrder, "speak") !=NULL)
8            {
9                taskflag=2;  // 回答小问题
10           }
11           else if (action2=="follow" || action2=="followed")
12           {
13               taskflag=3; //follow
14           }
15           else if (action2=="take" || action2=="Take" ||
             action2=="carry" || action2=="Carry" || action2=="get" ||
             action2=="Get" || action2=="grasp" || action2=="Grasp")
16           {
17               taskflag=4;  // 拿东西
18           }
19           else if (strstr(strOrder, "look for") !=NULL ||
             strstr(strOrder, "find") !=NULL || strstr(strOrder, "Get
             into") !=NULL)
20           {
21               taskflag=5;  // 找东西
22           }
23           nState=STATE_GOTO_LOCATION;
24   }
25   if (confirm=="no" || confirm=="No")
26   {
27           Speak("ok,tell me the command again");
28           nState=STATE_WAIT_RECO;
29   }
```

机器人导航到目标点后，根据 taskflag 的值完成相应的小任务（此处任务为将凉茶带到下一目标点，taskflag 为 4 抓取凉茶），切换状态为 STATE_GOTO_LOCATION2。

```
1    if (fArrived1==true)
2    {
3        ***
4        fArrived2=Goto(placestr);
5        //fArrived2=true;
6        if (fArrived2==true)
7        {
```

```
8           Speak("I am in the "+placestr);
9           usleep(1 * 1000 * 1000);
10          if (taskflag==1)
11          {// 大问题
12              Speak("I have found you");
13              usleep(1 * 1000 * 1000);
14              Speak("Please tell me the question");
15              nState=STATE_WAIT_ASK;
16              bGotoExit=true;
17          }
18          else if (taskflag==2)
19          {// 小问题
20          ***   // 例如
21              if (smallQ=="your team")
22              {
23                  Speak("SDJU team");
24                  printf("SDJU team");
25                  m=fprintf(fp1, "answer: %s\n", "SDJU team");
26                  //sleep(3 * 1000 * 1000);
27              }
28          ***
29              nState=STATE_GOTO_LOCATION2;
30          }
31          ***
32      }
```

机器人完成任务后，如果指令中需要去另一个地点，则导航到该点。如果机械爪抓取了一个物品，则到达导航点后运行 fang.sh 脚本，将机械爪上的物品放下，切换状态为 STATE_GOTO_EXIT，如图 10-15 所示。

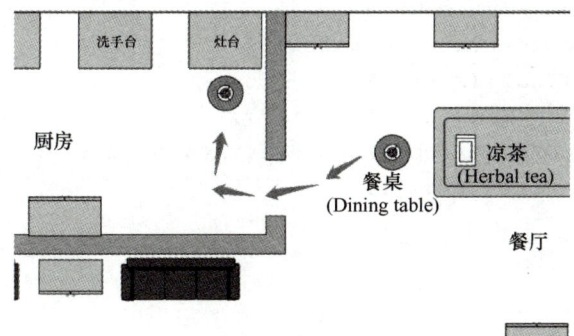

图 10-15 将凉茶带到灶台放下

```
1   if (nState==STATE_GOTO_LOCATION2)
2   {
3       int n;
4       bool fArrived;
```

```
5       string placestr2=pla2;
6       printf("pla2:%s\n", pla2);
7       fArrived=Goto(placestr2);
8       if (fArrived==true)
9       {
10          Speak("Here you are!");
11          n=system("bash/home/robot/fang.sh");
12          nState=STATE_GOTO_EXIT;
13          bGotoExit=true;
14      }
15  }
```

机器人最后将收到的指令保存为 pdf 文件后离开场地，如图 10-16 所示。

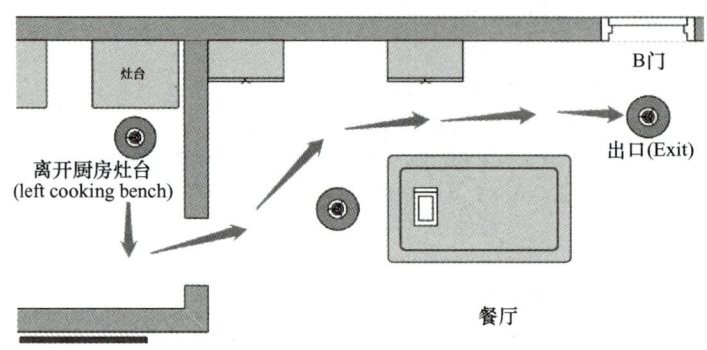

图 10-16　离开场地

```
1   if (nState==STATE_GOTO_EXIT && bGotoExit==true)
2   {
3       bGotoExit=false;
4       bool fArrived;
5       // 识别完毕，关闭语音识别
6       srvIAT.request.active=false;
7       clientIAT.call(srvIAT);
8       Speak("I am leaving to exit.");
9       system("cd/home/robot/gpsrorder && sh gpsr_pdf.sh");
10      fArrived=Goto("exit");
11  }
```

10.3　超市购物

关于超市购物机器人项目（Shopping 项目），如有条件，建议机器人在真实超市环境中移动操作，如真实的商店或者超市（以下称为"商店"）中；如无条件，则可在 GPSR 项目的场地中进行。由于环境初始未知，因此该测试需要 SLAM，即在引导阶段对商店构建地图，在导航/操作阶段可以即刻使用该地图用于定位与导航。该项目是为了测试机器人的综合能力，研究重点包括跟随、定位、导航、抓取、人的探测以及识别、物体的探测以及识别、人机对话、自然语言等，以及更加丰富的、在其他的测试中的综合能力，如整个跟随的测试、特定人识别测试等。在该测试中，机器人需要完成多个任务。该测试的技术难点在于比赛没有预定义场景，没有可以预定义的基本动作序列。

10.3.1 项目介绍

1. 引导阶段

机器人通过引导穿过商店（为确保比赛的顺利进行，允许引导者为其中一名队员），起点为一些固定的入口，如超市的主入口。引导者向机器人介绍3个地点，在每个地点，引导者引导机器人到一个特定的货架处，告诉机器人需要获取货架上的哪一个物品。该物品取自机器人可操作的物品栏（由该队伍自行指定）。引导者需要在至少50cm处告知机器人可操作的物品。至于引导者使用何种方式告知机器人是没有限制的，如可以用手指指向物品或者仅仅是看向物品；机器人也需要有明确的反应，语音方式回复，如果回复不清楚，可以查看pdf记录文件。3个地点都到达后，引导者引导机器人去（预先指定的）收银台。

2. 操作和导航阶段

该阶段，由2位在收银台附近位置的志愿者告知机器人去货架拿取物品，但机器人要求走到这2位志愿者面前询问所需的物品。机器人需要从相应的货架处取回裁判指定的2个物品，并且将物品交给在收银台等候的志愿者。设想一下，比如你忘了一些东西，想要机器人去帮你拿过来。2个物品都取回后，机器人到达收银台区域，结束。

3. 注意事项

引导者应该以自然的方式行走，如不能往回走。该比赛可以安排在任何真正的商店或超市进行。如果后者没有可能，可在任意一个包含多个货架的房间进行测试。唯一的要求是，该房间不是其他项目比赛场地的一部分，在该项比赛开始前所有队伍应该不知道该比赛场地。

比赛用的场地由组织委员会决定，如货架位置、收银台位置、比赛开始和结束位置，如图10-17所示。出于安全考虑，参赛队应该派出第二个成员，需要跟着机器人及其引导者。

图 10-17　比赛场景实拍图

10.3.2 原理分析

移动机器人超市购物项目需实现以下功能。

1. 环境地图构建功能

机器人来到未知环境中的未知位置，需跟随引导人边移动边描绘出环境的完全地图，所谓完全地图是指机器人不受障碍行进到房间可进入的每个角落。在此项目的跟随引导阶段，机器人需开启 SLAM 功能对周围环境进行扫描并将场景保存为二维栅格地图。期间需要开启激光雷达，产生扫描点云生成地图，同时还需要轮式里程计、IMU 等相对位姿推估传感器进行位移测量，以及开启轮式底盘移动机器人。

2. 导航功能

机器人需要通过语音交互获取导航点的信息，待导航点的坐标获取完成，需要找到一条最合适的路径，这属于路径规划的内容，主要包括全局路径规划与局部规划。首先由 A* 算法规划出一条代价最小的路径，在机器人移动过程中随着环境的变化需要对路径实时做出一些调整，这里主要使用 DWA（Dynamic Window Approach）算法对局部路径实时修正。机器人在导航的同时还需要进行实时定位，这里需要用到激光点云与栅格地图进行配准定位，同时还用到了 IMU 与里程计进行相对位姿推估实现相对定位。机器人实时获取自身在二维栅格地图中的位姿是实现导航的基础，也为路径规划提供了较好的基础。

3. 人体跟随功能

机器人人体跟随功能包含了两个步骤：知道目标在哪、能跟着目标运动。在跟随过程中，需要处理障碍物的躲避，因此需要添加两个模块，即识别障碍模块和躲避障碍模块。所以人体跟随共计需要包含以下四个技术模块：人体定位模块、障碍物识别模块、动态路径规划和避障模块、机器人行走模块。

（1）人体定位模块　人体定位模块有基于视觉定位和传感定位等多种方式，各有优缺点。

传感器定位优缺点如下。

1) 能求出目标的 x、y、z 轴坐标。

2) 在 360° 都可定位。

3) 定位目标受障碍物影响较小。

4) 无法判断障碍物，还需其他技术辅助。

视觉定位优缺点如下。

1) 不仅能求出 x、y、z 轴坐标，还能求出物体相对于相机的三维偏转角，能获得更丰富的决策信息。

2) 视觉单元不仅可以用来识别目标，还可以用来识别大多数障碍物。

3) 视觉的视角有限，一般不是 360°，且受视线影响，会被遮蔽。

（2）障碍物识别模块　识别到人体后，下一步一般就会想到怎么识别障碍。常用的障碍物识别技术有深度相机识别、超声波测距和红外测距。深度相机识别和红外测距的优点是价格便宜，速度快，但无法识别玻璃和黑色物体。超声波测距可以作为补充。若成本和体积不限制，还可以考虑激光雷达和毫米波雷达。

（3）动态路径规划和避障模块　动态路径规划需要建立一个二维空间地图并将地图栅格化，变成可通行或不可通行的小方格，辅助以路径规划算法，使得机器人可以顺利到达目标点并避开周围的障碍物。

（4）机器人行走模块　机器人行走模块主要完成行走功能。

10.3.3　各功能实现

Shopping 各部分功能所需硬件如图 10-18 所示。Shopping 逻辑流程如图 10-19 所示。

图 10-18　Shopping 各部分功能所需硬件

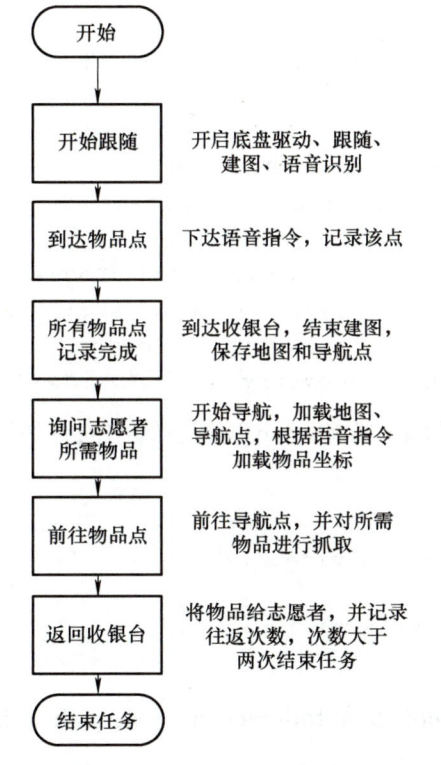

图 10-19　Shopping 逻辑流程

1. 人体跟随

在比赛开始阶段，机器人模仿在超市购物的场景（图 10-20），跟随人体并开启语音交互。该阶段主要完成两个任务：在跟随的同时对场景进行二维平面建图；通过语音交互，记录"超市"货架上的物品在地图上的坐标。

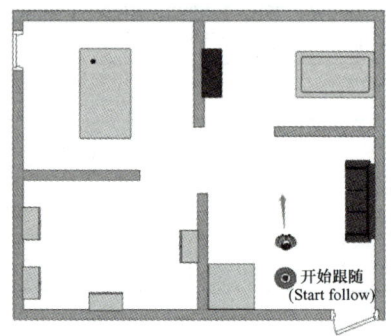

图 10-20　超市购物场景

语音：主要包括订阅 "/xfyun/iat"ros 节点，记录关键词 KeywordCB，订阅函数为 n.subscribe（"/xfyun/iat"，10，KeywordCB）。语音交互主要核心代码如下，包括语音识别与语音播报。

```
1   ros::init(argc, argv, "wpb_home_shopping");
2
3   ros::NodeHandle n;
4   ros::Subscriber sub_sr=n.subscribe("/xfyun/iat", 10, KeywordCB);
5
6   cliGetWPName=n.serviceClient<waterplus_map_tools::GetWaypointByName>("/
     waterplus/get_waypoint_name");
7   add_waypoint_pub=n.advertise<waterplus_map_tools::Waypoint>("/
     waterplus/add_waypoint", 1);
8   spk_pub=n.advertise<sound_play::SoundRequest>("/robotsound", 20);
9   spk_msg.sound=sound_play::SoundRequest::SAY;
10  spk_msg.command=sound_play::SoundRequest::PLAY_ONCE;
11  vel_pub=n.advertise<geometry_msgs::Twist>("/cmd_vel", 10);
```

跟随：这部分主要通过脚本 follow.sh 运行，脚本内容如下。

```
    follow.sh
1     #!/bin/bash
2   gnome-terminal--bash video1.sh
3   sleep 1
4   gnome-terminal--bash follower.sh
5   sleep 1
```

follow.sh 脚本包含 video1.sh 和 follower.sh。video1.sh 是 kinect V1 驱动程序，主要功能是使能 kinect 摄像头。

```
    video1.sh
1     #!/bin/bash
2   cd/home/robot/batkin/src/freenect_stack
3   source ~ /batkin/devel_isolated/setup.bash
4   roslaunch freenect_launch freenect.launch
```

follower.sh 脚本的主要功能是启动 follow 跟随功能。

```
    follower.sh
1     #!/bin/bash
2   cd/home/robot/batkin/src/turtlebot_apps/turtlebot_follower/launch
3   source ~ /batkin/devel/setup.bash
4   roslaunch follower.launch
```

2. 建图阶段

此阶段（图 10-21）机器人在跟随人的同时完成同步定位与建图 SLAM。此功能主要由激光雷达、IMU 与机器人底盘轮式里程计互相协同完成。

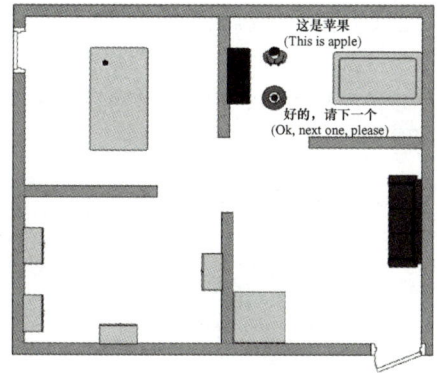

图 10-21　建图阶段

其中激光雷达用到的脚本包括 lidar.sh、imu.sh 和 mapping.sh 三个文件。运行 lidar.sh 脚本文件的代码如下：

```
1     #!/bin/bash
2   source ~ /batkin/devel_isolated/setup.bash
3   roslaunch/home/robot/batkin/src/ros_rslidar/rslidar_pointcloud/
    launch/rs_lidar_16.launch
```

运行 imu.sh 脚本文件的代码如下：

```
1     #!/bin/bash
2   source ~ /batkin/devel_isolated/setup.bash
3
4   roslaunch stim stim.launch
```

运行建图包 mapping.sh 脚本文件的代码如下：

```
1     #!/bin/bash
```

```
2    gnome-terminal--bash imu.sh
3    sleep 1
4    gnome-terminal--bash lidar.sh
5    sleep 1
6    gnome-terminal--bash 3to2.sh
7    sleep 1
8    gnome-terminal--bash creat_map.sh
```

在建图阶段，还需要通过语音交互方式对特定点进行记录，其中监听语音的主要函数是 FindWord（string inSentence，vector<string>&arWord），主要功能为监听语音中的关键语句，通过识别关键词进行语义识别。该函数定义如下：

```
1    // 从句子里找 arKeyword 里存在的关键词
2    void FindWord(string inSentence, vector<string>&arWord)
3    static string FindKeyword(string inSentence)
4    {
5        string res="";
6        int nSize=arKeyword.size();
7        for (int i=0; i <nSize; i++)
8        {
9            int nFindIndex=inSentence.find(arKeyword[i]);
10           if (nFindIndex>=0)
11           {
12               res=arKeyword[i];
13               break;
14           }
15       }
16       return res;
17   }
```

当机器人获取到相应语音信息时，需要将当前位置保存为新航点，主要核心函数为 AddNewWaypoint（string inStr），其主要功能为记录当前坐标，并与语音中的地名相匹配，如图 10-22 所示。

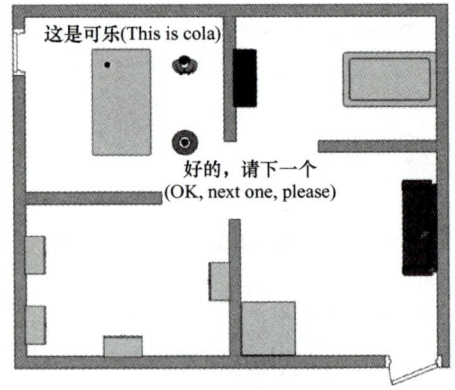

图 10-22　记录地点

函数定义如下：

```
1      // 将机器人当前位置保存为新航点
2      void AddNewWaypoint(string inStr)
3      {
4          tf::TransformListener listener;
5          tf::StampedTransform transform;
6          try
7          {
8              listener.waitForTransform("/map", "/base_link", ros::Time(0),
                    ros::Duration(10.0));
9              listener.lookupTransform("/map", "/base_link", ros::Time(0),
                    transform);
10         }
11         catch (tf::TransformException &ex)
12         {
13             ROS_ERROR("[lookupTransform] %s", ex.what());
14             return;
15         }
16
17         float tx=transform.getOrigin().x();
18         float ty=transform.getOrigin().y();
19         tf::Stamped<tf::Pose>p=tf::Stamped<tf::Pose>(tf::Pose(transfo
                rm.getRotation(), tf::Point(tx, ty, 0.0)), ros::Time::now(),
                "map");
20         geometry_msgs::PoseStamped new_pos;
21         tf::poseStampedTFToMsg(p, new_pos);
22
23         waterplus_map_tools::Waypoint new_waypoint;
24         new_waypoint.name=inStr;
25         new_waypoint.pose=new_pos.pose;
26         add_waypoint_pub.publish(new_waypoint);
27
28         ROS_WARN("[New Waypoint] %s ( %.2f , %.2f )", new_waypoint.name.
                c_str(), tx, ty);
29     }
```

3. 语音播报

语音播报是指机器人获取人的语音指令之后，需要做出的语音反馈，如"好的""你想要什么？""好的，我给你拿"。（"OK""What do you want？""OK. I will go to get it for you."）等，通常需要用到语音播放函数 Speak()，函数体为 static void Speak（string inStr）。图 10-23 所示为开始导航。

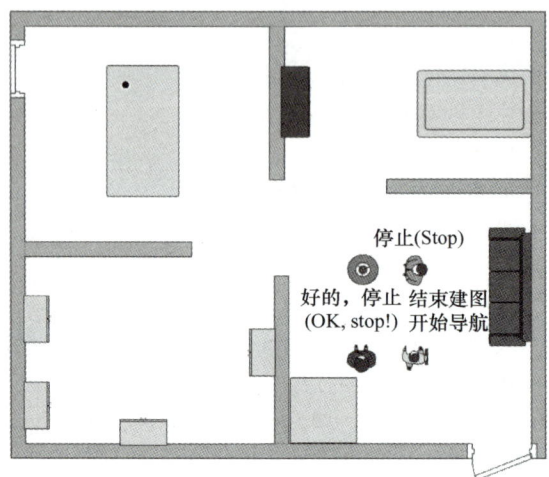

图 10-23　开始导航

Speak()函数定义如下：

```
1    static void Speak(string inStr)
2    int tmp;
3    char order[100];
4    sprintf(order, "rosrun sound_play say.py '%s'", inStr.c_str());
5    printf("order:%s\n", order);
6    int n=system(order);
```

通常需要调用 say.py 脚本来播报相应的 order 指令。

4. 定点导航

待机器人到达收银台，完成建图与保存相应点的任务后，需要获取志愿者的指令（图 10-24），并从指令中提取关键地点（如 apple、lemon tea），随后返回这些导航点取回相应物品（图 10-25）。顶点导航主要用到了 Goto()函数。

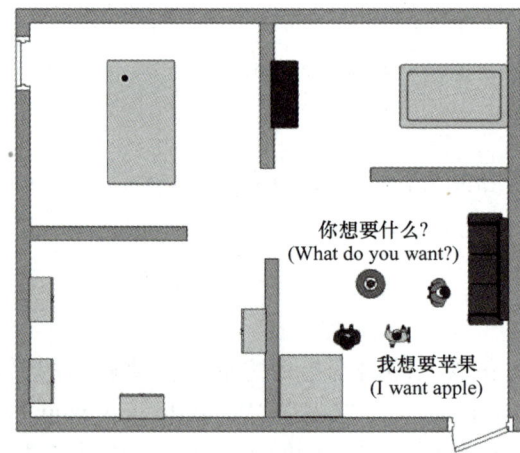

图 10-24　向客人咨询

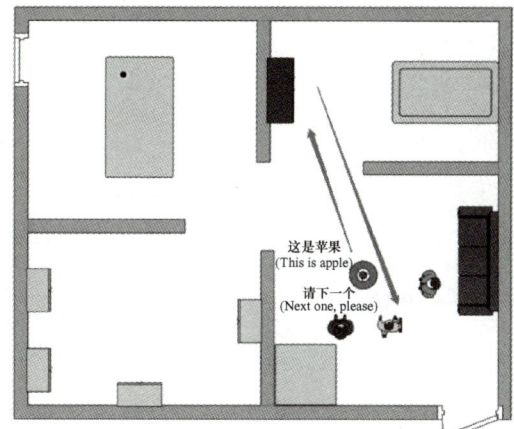

图 10-25　获取物品

Goto（）函数定义如下：

```
1    static bool Goto(string inStr)
2
3    string strGoto=inStr;
4
5    srvName.request.name=strGoto;
6    if (cliGetWPName.call(srvName))
7    {
8        std::string name=srvName.response.name;
9        float x=srvName.response.pose.position.x;
10       float y=srvName.response.pose.position.y;
11       ROS_INFO("Get_wp_name: name=%s (%.2f,%.2f)", strGoto.c_str(),
          x, y);
12
13       MoveBaseClient ac("move_base", true);
14       if (!ac.waitForServer(ros::Duration(5.0)))
15       {
16           ROS_INFO("The move_base action server is no running. action
              abort...");
17           return false;
18       }
19       else
20       {
21           move_base_msgs::MoveBaseGoal goal;
22           goal.target_pose.header.frame_id="map";
23           goal.target_pose.header.stamp=ros::Time::now();
24           goal.target_pose.pose=srvName.response.pose;
25           ac.sendGoal(goal);
26           ac.waitForResult();
27           if (ac.getState()==actionlib::SimpleClientGoalState::SUCCE
```

```
                EDED)
28         {
29             ROS_INFO("Arrived at %s!", strGoto.c_str());
30             return true;
31         }
32         else
33         {
34             ROS_INFO("Failed to get to %s ...", strGoto.c_str());
35             return false;
36         }
37     }
38 }
39 else
40 {
41     ROS_ERROR("Failed to call service GetWaypointByName");
42     return false;
43 }
```

待机器人获取到这些导航点，需要自主导航到这些点：

```
1   // 从识别结果句子中查找物品（航点）关键词
2   string strKeyword=FindKeyword(msg->data);
3   int nLenOfKW=strlen(strKeyword.c_str());
4   if (nLenOfKW>0)
5   {
6       // 发现物品（航点）关键词
7       strGoto=strKeyword;
8       string strSpeak=strKeyword+" . OK. I will go to get it for
         you.";
9
10      Speak(strSpeak);
11      printf(" OK. I will go to get it for you.\n");
12
13      nState=STATE_GOTO;
14  }
```

机器人返回收银台：

```
1   if (ac.getState()==actionlib::SimpleClientGoalState::SUCCEEDED)
2   {
3       ROS_INFO("Arrived at %s!", strGoto.c_str());
4       Speak("Hi,master. This is what you wanted.");
5       nState=STATE_PASS;
6       //nDelay=0;
7   }
8   else
9   {
```

```
10      ROS_INFO("Failed to get to %s ...", strGoto.c_str());
11      Speak("Failed to go to the master.");
12      //nState=STATE_ASK;
13   }
```

离场：待导航任务完成，结束任务，机器人离场，如图 10-26 所示。

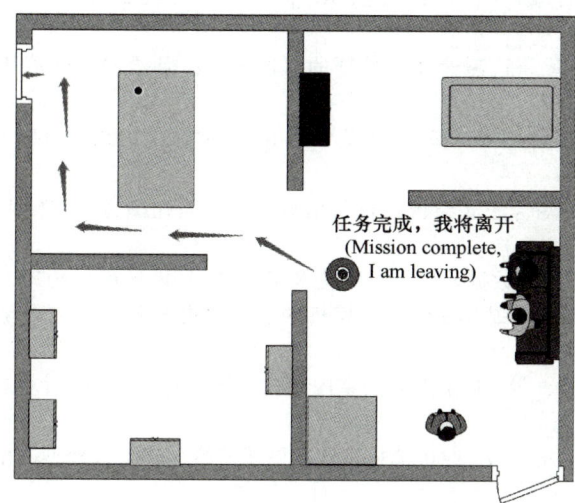

图 10-26　机器人离场

参 考 文 献

[1] 田野, 陈宏巍, 王法胜, 等. 室内移动机器人的 SLAM 算法综述 [J]. 计算机科学, 2021, 48（9）: 223-234.

[2] 王金科, 左星星, 赵祥瑞, 等. 多源融合 SLAM 的现状与挑战 [J]. 中国图象图形学报, 2022, 27（2）: 368-389.

[3] 应文健, 潘林豪, 佘博, 等. 融合点线特征的双目视觉: 惯导 SLAM 算法 [J]. 海军工程大学学报, 2021, 33（6）: 106-112.

[4] 赵洋, 刘国良, 田国会, 等. 基于深度学习的视觉 SLAM 综述 [J]. 机器人, 2017, 39（6）: 889-896.

[5] 张伟伟, 陈超, 徐军. 融合激光与视觉点云信息的定位与建图方法 [J]. 计算机应用与软件, 2020, 37（7）: 114-119.

[6] 韩晓川. 三维激光扫描点云数据处理与应用技术探讨 [J]. 智能城市, 2020, 6（19）: 76-77.

[7] 信寄遥, 陈成军, 李东年. 基于 RGB-D 相机的多视角机械零件三维重建 [J]. 计算技术与自动化, 2020, 39（3）: 147-152.

[8] 任飞, 常青玲, 刘兴林, 等. 基于点云的室内结构三维重建综述 [J]. 计算机科学, 2022, 49（S2）: 351-361.

[9] 黄明伟, 方莉娜, 唐丽玉, 等. 改进泊松算法的图像三维重建点云模型网格化 [J]. 测绘科学, 2017, 42（4）: 23-28, 38.

[10] 曹诗卉, 亓迎川, 时满宏. 改进的泊松曲面重建算法 [J]. 空军预警学院学报, 2016, 30（4）: 289-291, 302.

[11] 谷晓英. 三维重建中点云数据处理关键技术研究 [D]. 秦皇岛: 燕山大学, 2015.

[12] 袁华, 庞建铿, 莫建文. 基于体素化网格下采样的点云简化算法研究 [J]. 电视技术, 2015, 39（17）: 43-47.

[13] 张彬, 熊传兵. 基于体素下采样和关键点提取的点云自动配准 [J]. 激光与光电子学进展, 2020, 57（4）: 109-117.

[14] 王健, 陈政, 张华良. 三维点云数据的预处理研究 [J]. 科学技术创新, 2021（22）: 115-118.

[15] 李瑞雪, 邹纪伟. 基于 PCL 库的点云滤波算法研究 [J]. 卫星电视与宽带多媒体, 2020（13）: 237-238.

[16] 赵娜, 曹新亮. 移动曲面拟合模型的精度优化研究 [J]. 计算机仿真, 2023, 40（3）: 311-315.

[17] 王连哲, 韩俊刚, 卢升, 等. 点云隐式曲面快速重建算法研究 [J]. 激光与光电子学进展, 2021, 58（4）: 339-348.

[18] 徐谦. 面向复杂环境自动驾驶的视觉环境感知研究 [D]. 长春: 吉林大学, 2023.

[19] 戴雪瑞. 复杂交通环境下自动驾驶视觉环境感知关键问题的研究 [D]. 北京: 北京交通大学, 2021.

[20] 彭湃, 耿可可, 王子威, 等. 智能汽车环境感知方法综述 [J]. 机械工程学报, 2023, 59（20）: 281-303.

[21] 邓琉元. 基于深度学习的道路场景语义分割方法研究 [D]. 上海: 上海交通大学, 2022.

[22] 王麒. 基于深度学习的自动驾驶感知算法 [D]. 杭州: 浙江大学, 2022.

[23] 严毅, 邓超, 李琳, 等. 深度学习背景下的图像语义分割方法综述 [J]. 中国图象图形学报, 2023, 28（11）: 3342-3362.

[24] 田萱, 王亮, 丁琪. 基于深度学习的图像语义分割方法综述 [J]. 软件学报, 2019, 30（2）: 440-468.